四特 教育系列丛书 SITEJIAOYUXILIECONGSHU

# 与学生谈理想

《"四特"教育系列丛书》编委会 编著

吉林出版集团股份有限公司
全国百佳图书出版单位

图书在版编目（CIP）数据

与学生谈理想／《"四特"教育系列丛书》编委会编著．
—长春：吉林出版集团股份有限公司，2012.4
（"四特"教育系列丛书／庄文中等主编．与学生谈生命与青春期教育）
ISBN 978-7-5463-8634-8

Ⅰ.①与… Ⅱ.①四… Ⅲ.①理想－青年读特②理想－少年读物 Ⅳ.① B821-49

中国版本图书馆 CIP 数据核字（2012）第 042031 号

与学生谈理想

YU XUESHENG TAN LIXIANG

| 出 版 人 | 吴 强 |
| 责任编辑 | 朱子玉 杨 帆 |
| 开 本 | 690mm×960mm 1/16 |
| 字 数 | 250 千字 |
| 印 张 | 13 |
| 版 次 | 2012 年 4 月第 1 版 |
| 印 次 | 2023 年 2 月第 3 次印刷 |

| 出 版 | 吉林出版集团股份有限公司 |
| 发 行 | 吉林音像出版社有限责任公司 |
| 地 址 | 长春市南关区福祉大路 5788 号 |
| 电 话 | 0431-81629667 |
| 印 刷 | 三河市燕春印务有限公司 |

ISBN 978-7-5463-8634-8　　　　　定价：39.80 元

# 前　言

　　学校教育是个人一生中所受教育最重要组成部分，个人在学校里接受计划性的指导，系统地学习文化知识、社会规范、道德准则和价值观念。学校教育从某种意义上讲，决定着个人社会化的水平和性质，是个体社会化的重要基地。知识经济时代要求社会尊师重教，学校教育越来越受重视，在社会中起到举足轻重的作用。

　　"四特教育系列丛书"以"特定对象、特别对待、特殊方法、特例分析"为宗旨，立足学校教育与管理，理论结合实践，集多位教育界专家、学者以及一线校长、老师们的教育成果与经验于一体，围绕困扰学校、领导、教师、学生的教育难题，集思广益，多方借鉴，力求全面彻底解决。

　　本辑为"四特教育系列丛书"之《与学生谈生命与青春期教育》。

　　生命教育是一切教育的前提，同时还是教育的最高追求。因此，生命教育应该成为指向人的终极关怀的重要教育理念，它是在充分考察人的生命本质的基础上提出来的，符合人性要求，是一种全面关照生命多层次的人本教育。生命教育不仅只是教会青少年珍爱生命，更要启发青少年完整理解生命的意义，积极创造生命的价值；生命教育不仅只是告诉青少年关注自身生命，更要帮助青少年关注、尊重、热爱他人的生命；生命教育不仅只是惠泽人类的教育，还应该让青少年明白让生命的其它物种和谐地同在一片蓝天下；生命教育不仅只是关心今日生命之享用，还应该关怀明日生命之发展。

　　同时，广大青少年学生正处在身心发展的重要时期，随着生理、心理的发育和发展、社会阅历的扩展及思维方式的变化，特别是面对社会的压力，他们在学习、生活、人际交往和自我意识等方面，都会遇到各种各样的心理困惑或问题。因此，对学生进行青春期健康教育，是学生健康成长的需要，也是推进素质教育的必然要求。青春期教育主要包括性知识教育、性心理教育、健康情感教育、健康心理教育、摆脱青春期烦恼教育、健康成长教育、正确处世教育、理想信念教育、坚强意志教育、人生观教育等内容，具有很强的系统性、实用性、知识性和指导性。

　　本辑共20分册，具体内容如下：

　　1.《与学生谈自我教育》

　　自我教育作为学校德育的一种方法，要求教育者按照受教育者的身心发展阶段予以适当的指导，充分发挥他提高思想品德的自觉性、积极性，使他们能把教育者的要求，变为自己努力的目标。要帮助受教育者树立明确的是非观念，善于区别真伪、善恶和美丑，鼓励他们追求真、善、美，反对假、恶、丑。要培养受教育者自我认识、自我监督和自我评价的能力，善于肯定并坚持自己正确的思想言行，勇于否定并改正自己错误的思想言行。要指导受教育者学会运用批评和自我批评这种自我教育的方法。

　　2.《与学生谈他人教育》

　　21世纪的教育将以学会"关心"为根本宗旨和主要内容。一般认为，"关心"包括关心自己、关心他人、关心社会和关心学习等方面。"关心他人"无疑是"关心"教育的最为重要的方面之一。学会关心他人既是继承我国优良传统的基础工程,也是当前社会主义精神文明建设的基础工程,是社会公德、职业道德的主要内容。许多革命伟人,许多英雄模范,他们之所以有高尚境界,其道德基础就在于"关心他人"。本书就学生的生命与他人教育问题进行了系统而深入的分析和探讨。

3.《与学生谈自然教育》

自然教育是解决如何按照天性培养孩子,如何释放孩子潜在能量,如何在适龄阶段培养孩子的自立、自强、自信、自理等综合素养的均衡发展的完整方案,解决儿童培养过程中的所有个性化问题,培养面向一生的优质生存能力、培养生活的强者。自然教育着重品格、品行、习惯的培养;提倡天性本能的释放;强调真实、孝顺、感恩;注重生活自理习惯和非正式环境下抓取性学习习惯的培养。

4.《与学生谈社会教育》

现代社会教育是学校教育的重要补充。不同社会制度的国家或政权,实施不同性质的社会教育。现代学校教育同社会发展息息相关,青少年一代的成长也迫切需要社会教育密切配合。社会要求青少年扩大社会交往,充分发展其兴趣、爱好和个性,广泛培养其特殊才能,因此,社会教育对广大青少年的成长来说,也其有了极其重要的意义。本书就学生的生命与社会教育问题进行了系统而深入的分析和探讨。

5.《与学生谈创造教育》

我们中小学实施的应是广义的创造教育,是指根据创造学的基本原理,以培养人的创新意识、创新精神、创造个性、创新能力为目标,有机结合哲学、教育学、心理学、人才学、生理学、未来学、行为科学等有关学科,全面深入地开发学生潜在创造力,培养创造型人才的一种新型教育。其主要特点有:突出创造性思维,以培养学生的创造性思维能力为重点;注重个性发展,让学生的禀赋、优势和特长得到充分发展,以激发其创造潜能;注意启发诱导,激励学生主动思考和分析问题;重视非智力因素。培养学生良好的创新心理素质;强调实践训练,全面锻炼创新能力。本书就学生的生命与创造教育问题进行了系统而深入的分析和探讨。

6.《与学生谈非智力培养》

非智力因素包含:注意力、自信心、责任心、抗挫折能力、快乐性格、探索精神、好奇心、创造力、主动思索、合作精神、自我认知……本书就学生的非智力因素培养问题进行了系统而深入的分析和探讨,并提出了解决这一问题的新思路、可供实际操作的新方案,内容翔实,个案丰富,对中小学生、教师及家长均有启发意义。本书体例科学,内容生动活泼,语言简洁明快,针对性强,具有很强的系统性、实用性、实践性和指导性。

7.《与学生谈智力培养》

教师在教学辅导中对孩子智力技能形成的培养,应考虑智力技能形成的阶段,采取多种教学措施有意识地进行。本书就学生的智力培养教育问题进行了系统而深入的分析和探讨,并提出了解决这一问题的新思路、可供实际操作的新方案,内容翔实,个案丰富,对中小学生、教师及家长均有启发意义。本书体例科学,内容生动活泼,语言简洁明快,针对性强,具有很强的系统性、实用性、实践性和指导性。

8.《与学生谈能力培养》

真正的学习是培养自己在没有路牌的地方也能走路的能力。能力到底包括哪些内容? 怎样培养这些能力呢? 本书就学生的能力培养问题进行了系统而深入的分析和探讨,并提出了解决这一问题的新思路、可供实际操作的新方案,内容翔实,个案丰富,对中小学生、教师及家长均有启发意义。本书体例科学,内容生动活泼,语言简洁明快,针对性强,具有很强的系统性、实用性、实践性和指导性。

9.《与学生谈心理锻炼》

心理素质训练在提升人格、磨练意志、增强责任感和团队精神等方面有着特殊的功效,作为对大中专学生的一种辅助教育方法,不仅能够丰富教学内容,改革教学模式,而且能使大学生获得良好的体能训练和心理教育,增强他们的社会适应能力,提高他们毕业之后走上工作岗位的竞争力。本书就学生的心理锻炼问题进行了系统而深入的分析和探讨。

10.《与学生谈适应锻炼》

适应能力和方方面面的关系很密切,我认为主要有以下几个方面:社会环境、个人经历、身体状况、年龄性格、心态。其中最重要是心态,不管遇到什么事情,都要尽可能的保持乐观的态度从容的心态。适应新环境、适应新工作、适应新邻居、适应突发事件的打击、适应高速的生活节奏、适应周边的大悲大喜,等等,都需要我们用一种冷静的态度去看待周围的事物。本书就学生的社会适应性锻炼教育问题进行了系统而深入的分析和探讨。

11.《与学生谈安全教育》

采取广义的解释,将学校师生员工所发生事故之处,全部涵盖在校园区域内才是,如此我们在探讨校园安全问题时,其触角可能会更深、更远、更广、更周详。

12.《与学生谈自我防护》

防骗防盗防暴与防身自卫、预防黄赌毒侵害等内容,生动有趣,具有很强的系统性和实用性,是各级学校用以指导广大中小学生进行安全知识教育的良好读本,也是各级图书馆收藏的最佳版本。

13.《与学生谈青春期情感》

青春期是花的季节,在这一阶段,第二性征渐渐发育,性意识也慢慢成熟。此时,情绪较为敏感,易冲动,对异性充满了好奇与向往,当然也会伴随着出现许多情感的困惑,如初恋的兴奋、失恋的沮丧、单恋的烦恼等等。中学生由于尚处于发育过程中,思想、情感极不稳定,往往无法控制自己的情绪,考虑问题也缺乏理性,常常会造成各种错误,因此人们习惯于将这一时期称作"危险期"。本书就学生的青春期情感教育问题进行了系统而深入的分析和探讨。

14.《与学生谈青春期心理》

青春期是人的一生中心理发展最活跃的阶段,也是容易产生心理问题的重要阶段,因此要关注心理健康。本书就学生的青春期心理教育问题进行了系统而深入的分析和探讨,并提出了解决这一问题的新思路、可供实际操作的新方案,内容翔实,个案丰富,对中小学生、教师及家长均有启发意义。本书体例科学,内容生动活泼,语言简洁明快,针对性强,具有很强的系统性、实用性、实践性和指导性。

15.《与学生谈青春期健康》

青春期常见疾病有,乳房发育不良,遗精异常,痤疮,青春期痤疮,神经性厌食症,青春期高血压,青春期甲状腺肿大,甲型肝炎等。用注意及时预防以及注意膳食平衡和营养合理。本书就学生的青春期健康教育问题进行了系统而深入的分析和探讨,并提出了解决这一问题的新思路、可供实际操作的新方案,内容翔实,个案丰富,对中小学生、教师及家长均有启发意义。本书体例科学，内容生动活泼，语言简洁明快，针对性强，具有很强的系统性、实用性、实践性和指导性。

16.《与学生谈青春期烦恼》

青少年产生烦恼的生理原因是什么？青少年的烦恼有哪些？消除青春期烦恼的科学方法有哪些？本书就学生如何摆脱青春期烦恼问题进行了系统而深入的分析和探讨，并提出了解决这一问题的新思路、可供实际操作的新方案，内容翔实，个案丰富，对中小学生、教师及家长均有启发意义。本书体例科学，内容生动活泼，语言简洁明快，针对性强，具有很强的系统性、实用性、实践性和指导性。

17.《与学生谈成长》

成长教育的概念，从目的和方向上讲，应该是培育身心健康的、适合社会生活的、能够自食其力的、家庭和睦的、追求幸福生活的人；从内容上讲，主要是素质及智慧的开发和培育。人的内涵最根本的是思想，包括思想的内容、水平、能力等；外显的是言行、气质等。本书就学生的健康成长问题进行了系统而深入的分析和探讨，并提出了解决这一问题的新思路、可供实际操作的新方案，内容翔实，个案丰富，对中小学生、教师及家长均有启发意义。

18.《与学生谈处世》

处世是人生的必修课，从小要教给孩子处世的技巧，让孩子学会处世的智慧，这对他们的成长至关重要。本书从如何做事、如何交往、如何生活、如何与人沟通、如何处理自己的消极情绪等十个方面着手，力图把处世的智慧教给孩子，让孩子学会正确处理复杂的人际关系。本书体例科学，内容生动活泼，语言简洁明快，针对性强，具有很强的系统性、实用性、实践性和指导性。

19.《与学生谈理想》

教育是一项育人的事业，人是需要用理想来引导的。教育是一项百年大计，大计是需要用理想来坚持的。教育是一项崇高的事业，崇高是需要用理想来奠实的。学校没有理想，只会急功近利，目光短浅，不能真正为学生终身发展奠基；教师没有理想，只会自怨自艾，早生倦怠，不会把教育当作终身的事业来对待。学生没有理想，就没有美好的未来。本书就学生的理想信念问题进行了系统而深入的分析和探讨，并提出了解决这一问题的新思路、可供实际操作的新方案，内容翔实，个案丰富，对中小学生、教师及家长均有启发意义。

20.《与学生谈人生》

人生观是对人生的目的、意义和道路的根本看法和态度。内容包括幸福观、苦乐观、生死观、荣辱观、恋爱观等。它是世界观的一个重要组成部分，受到世界观的制约。本书就学生如何树立正确的人生观问题进行了系统而深入的分析和探讨，并提出了解决这一问题的新思路、可供实际操作的新方案，内容翔实，个案丰富，对中小学生、教师及家长均有启发意义。本书体例科学，内容生动活泼，语言简洁明快，针对性强，具有很强的系统性、实用性、实践性和指导性。

由于时间、经验的关系，本书在编写等方面，必定存在不足和错误之处，衷心希望各界读者、一线教师及教育界人士批评指正。

编者

# 目　录

**第一章　理想决定价值** …………………………………… （1）

　**第一节　树立理想** ………………………………………… （2）

　　*1. 时常给自己树立理想* ………………………………… （2）

　　*2. 做个有志向的人* ……………………………………… （5）

　　*3. 给自己建造人生灯塔* ………………………………… （9）

　　*4. 要知道自己人生的航向* …………………………… （13）

　　*5. 让想象为理想插上翅膀* …………………………… （16）

　　*6. 极强的目标让你获得成功* ………………………… （19）

　**第二节　实现价值** ……………………………………… （23）

　　*1. 心中装有太多太多的梦* …………………………… （23）

　　*2. 欲望放飞人生的梦想* ……………………………… （26）

　　*3. 梦想离我们并不远* ………………………………… （30）

　　*4. 搭起生命与梦想的桥梁* …………………………… （33）

　　*5. 有梦想离成功更近一步* …………………………… （37）

　　*6. 不断进取并实现梦想价值* ………………………… （41）

**第二章　心态决定自我** ………………………………… （45）

　**第一节　最佳心态** ……………………………………… （46）

　　*1. 感恩心态是生命的真谛* …………………………… （46）

2. 执著心态可以滴水穿石 ……………………… (49)

3. 包容心态会让心胸开阔 ……………………… (52)

4. 诚信心态使你立足于世 ……………………… (55)

5. 空杯心态会让你获取更多 …………………… (58)

第二节　定位自我 ……………………………………… (61)

1. 认清真正的自己 …………………………………… (61)

2. 做最棒的自己 ……………………………………… (64)

3. 勇于突破自我的限制 ……………………………… (67)

4. 时刻给自己定位 …………………………………… (70)

5. 接纳自己的不足之处 ……………………………… (73)

6. 摆低自己的位置 …………………………………… (77)

第三章　想法决定做法 ………………………………… (81)

第一节　拿出想法 ……………………………………… (82)

1. 有想法才有做法 …………………………………… (82)

2. 心态决定你的命运 ………………………………… (85)

3. 心态决定行动的成败 ……………………………… (88)

4. 你认为你行你就行 ………………………………… (91)

5. 用心态激发潜能 …………………………………… (95)

6. 充分挖掘自己的潜能 ……………………………… (99)

7. 敢于突破思维定势 ………………………………… (102)

第二节　实施做法 ……………………………………… (106)

1. 做到学与实践相结合 ……………………………… (106)

2. 大胆地进行创新 …………………………………… (109)

3. 坚定行走在成功路上 ……………………………… (112)

4. 心态影响行为 ……………………………………… (115)

5. 想到就要做到 ……………………………………………………… (117)

# 第四章 行动决定成功 ……………………………………… (121)

## 第一节 付诸行动 ……………………………………………… (122)

1. 行动重于心动 ……………………………………………… (122)

2. 让行动成就远大目标 …………………………………… (124)

3. 立即行动起来 ……………………………………………… (127)

4. 用行动点亮想法 …………………………………………… (131)

5. 积极思想，主动行动 …………………………………… (136)

6. 在行动中去检验去完善 ……………………………… (140)

7. 用行动去证明理想 ……………………………………… (147)

## 第二节 获取成功 ……………………………………………… (150)

1. 要有成功的信念 …………………………………………… (150)

2. 把成功心态据为己有 …………………………………… (155)

3. 成功偏爱专注的人 ……………………………………… (164)

4. 专注是成功的神奇钥匙 ……………………………… (166)

5. 失败是成功之母 …………………………………………… (175)

6. 走向成功的关键一步 …………………………………… (188)

第一章

理想决定价值

# 第一节　树立理想

## *1.* 时常给自己树立理想

成功与失败的最大分野，来自不同的习惯。好习惯是开启成功的钥匙，坏习惯则是一扇向失败敞开的门！

——奥格·曼狄诺

世界著名心理学家威廉·詹姆士说：播下一个行动，收获一种习惯；播下一种习惯，收获一种性格；播下一种性格，收获一种命运！由此可见，好的习惯是十分重要的，它可以让人的一生发生重大变化。满身恶习的人，是成不了大气候的，惟有好习惯的人，才能实现自己的远大目标。因此，青少年朋友应该养成有远大目标的习惯。

**养成树立远大目标的习惯**

俗话说"无志者常立志、有志者立志长"。作为一个有志的中学生，应当早一点确定自己的人生目标，且不要轻易变来变去。立志要远大，尽管是量体裁衣的相对远大。古语说："取法其上得乎其中，取法其中得乎其下"，"确立的目标越高，达到的境界越高"。哈佛毕业生成功率追踪研究结论之一是：有无远大目标，结果很不一样。一个人、一个组织或者一个国家，都应当有远大目标。

查理·斯瓦布是一个小时候生活在宾夕法尼亚的山村里的孩子，那里的环境非常贫苦，而他也只受过短短几年教育。从 *15* 岁起，他就孤身一人在宾夕法尼亚的一个山村里赶马车谋求生路。过了两个春夏，他在钢铁公司谋得了另外一份工作，虽然每周只有 3 美元的报酬，可是，在工作期间他每次都把工作做的最好。皇天不负有心人，很快他就成了卡内基钢铁公司的一名正式员工，日薪 1 美元；又过了没多久，他就升为了技师；慢慢地，他升任总工程师；5 个春夏秋冬过去了，他也成了兼任卡内基钢铁公司的总经理。

他这一步步走来的历程，证明了他有能力来承担任务，同时，这也与他的习惯有关。当他还是钢铁公司一名微不足道的工人时，就暗暗下定决心："总有一天我要做到高层管理，我一定要做出成绩来给老板看，使他自动来提升我。我不去计较薪水，我要拼命工作，做到最好，使我的工作价值远远超过我的薪水。"

因此，他在公司的地位每每提高一步时，总是以公司中最优秀的人作为下一个目标。他没有在受规则约束的时候向身边的人抱怨，他也没有每天做着白日梦等待着奇迹的出现。他深知一个人只要有远大的目标与志向，并肯努力为之去奋斗，尽力让自己做到最好，就一定可以实现自己的梦想。

立了大志，人生就发生了变化，最大的变化是人源源不断释放出精神动力，精神动力就像潜藏在人心中的宝藏。远大的志向是挖掘宝藏的金钥匙，能够释放出精神动力的人才能成就一番伟业。

查理·斯瓦布就是这样一个简单的想法，就是这样一个小小的习惯，短短的 5 年之内造就了他的辉煌人生。对于处在学习阶段的中学生朋友来说，这个时期是树立人生方向的大好时期，世界上很多伟人的志向都是在小时候就确立的。有了远大的目标，你就会慢慢养成一种为这个目标奋斗的习惯，养成一种为目标奋斗的习惯之后，你就会一步步地实现这个目标，最后达到成功。

### 远大的目标能激励你一生

在生活中，立下大志的人，心中都有一个高标准，他的一生都会在这个远大的目标激励下行动。那个标准就像他人生旅程中的灯塔一样，当在现实生活中遇到困难挫折时，灯塔之光就会给他希望和力量，让他勇敢地、坚持不懈地走下去。当他在生活中取得成绩时，灯塔之光又会是一个警示，提醒他离目标还很远，一刻都不要松懈。

在成语词典中，还有这样一个成语——胸无大志。胸无大志的人是受人鄙视的，因为胸无大志，他对自己的要求就会低，努力就会被淡化，人本应有的能量就无法发挥。人无志不立，一个胸无大志的人浪费的是自己的天赋，让本该精彩的人生变得黯淡无光，这是人生的一大憾事。

远大的目标能让你的人生更有价值。在学习的过程当中，如果你觉得自己的目标并不重要时，就会认为对目标所付出的努力没有什么价值。如果你觉得自己的目标很重要，情况就会相反。因此，中学生朋友必须把目标建立在自己的理想上，如果你的各个目标组成了你所珍视的理想，那么你就会觉得为之付出的努力是有价值的。

英国有一个女性游泳爱好者，在一个浓雾的天气里，她要挑战横渡一个海峡。当她跳进水中的那一刹那，海水冰冷刺骨，身边还不时的有鲨鱼出现。她身边的护卫人员帮她赶走了鲨鱼，她则一直不停地向前游去。

就这样一直游了 15 个小时，她眼前的景象和刚下水里一样，除了一片浓雾之外，什么也看不见，她终于坚持不住了，要求身边的人员将她拉上船去。到了船上，休息过后，她非常后悔自己的举动，因为她发现在她上船的地方，离海峡不足半英里。

事后她说："我不是给自己找借口，是因为天气问题，我看不见目标还有多远，所以才让我丧失了坚持下去的勇气。如果天气好点，我可以看见海峡，我一定会游过去的。"

远大的目标能让你产生战胜一切的动力。明确的、具体的目标是你努力的依据，是一个看得见摸得着的射击靶。欧尔·奈丁盖尔说："要谋求幸福，我们的人生就不能没有一个远大目标。"意思也就是说，没有远大目标的人，即使有巨大的能力，也还是很难达到理想中的目标，取得巨大的成功。

远大的目标能使你把握现在。希拉尔·贝洛克说："目标是朝向将来的，是有待将来实现的，但目标使我们能把握住现在。"任何伟大目标的实现，依靠的是一个个小目标的实现，一连串小目标的实现，最终才会实现远大的目标，因为远大的目标是一个个小目标堆砌而成的。中学生朋友要知道：你现在的种种努力都是为实现将来的目标铺路，如果你能集中精力于现在的学习，那么你就能成功。

一个立下远大目标的人，一定是一个在人生路上挥洒豪情释放激情的人，他敢说敢想敢做，为着人生的目标不遗余力、无怨无悔。在这样的生命旅程中，一个生命喷薄而出，成为一道光，照亮了一群人，成为那一群人的标杆，成为他们心中的志向，吸引他们紧紧跟随。

因此，青少年朋友人要树立远大高尚的志向，让远大高尚的志向支撑起自己的人生，做一个于自身于社会于国家有益的人。

## 2. 做个有志向的人

灵魂如果没有确定的目标，它就会丧失自己。

——法国·蒙田

一位名人说过，你必须首先确定自己想干什么，然后才能达到自己确定的目标。所以只有目标才会使你胸怀远大的抱负，才会使你在失败时赋予你再去尝试的勇气，也只有目标才会使理想中的你与现实中的你相统一。

## 缺乏目标的人生毫无意义可言

一个人无论做什么事情，首先一定要先有自己的目标才对。而目标就是自己心灵的觉醒，只要你有足够的勇气和明确的目标，就可以成为全世界最有影响力的人。

成功者与平庸者的区别在于：成功者始终有一个明确的目标、清晰的方向，并且自信心十足，一往直前地走向前方；而平庸者却是终日浑浑噩噩、优柔寡断，迈不开决定性的一步。让我们来看一个小故事，或许你能从中得到一些帮助，找到属于自己的人生方向。

美国前总统罗斯福的夫人在年轻时从本宁顿学院毕业后，想在电讯业找一份工作，她的父亲就介绍她去拜访当时美国无线电公司的董事长萨尔洛夫将军。

萨尔洛夫将军非常热情地接待了她，随后问道："你想在这里干哪份工作呢？"

"随便，"她答道。

"我们这里没有叫'随便'的工作"，将军非常严肃地说道："成功的道路是由目标铺成的！"

所以，一个人只要有了明确的奋斗目标,也就是产生了前进的动力。因而目标不仅是奋斗的方向,更是一种对自己的鞭策。有了目标，就有了热情，有了积极性，有了使命感和成就感。其实,没有奋斗的方向,就活得混混沌沌。准确地把握好自己的喜好和追求,是走向成功的第一步!

显然，成功者总是那些有目标的人，鲜花和荣誉从来不会降临到那些没有目标的人头上。许多人怀着羡慕、嫉妒的心情看待那些取得成功的人，总认为他们取得成功的原因是有外力相助，于是感叹自己运气不好。殊不知，成功者取得成功的主要原因，就是由于确立了明确的目标。

而目标会使你胸怀远大的抱负;目标在你失败时会赋予你再去尝试的勇气;目标会使你不断向前奋进;目标会给你前途;目标会使你避免倒退,不再为过去担忧;目标会使理想中的"我"与现实中的"我"统一。当别人问你"你是谁"时,你可以回答:"我是能完成自己目标的人"。

有明确目标的人,会感到自己心里很踏实,生活得很充实,注意力也会神奇地集中起来,不再被许多繁杂的事所干扰,干什么事都显得成竹在胸。而相反,那些没有明确目标的人,总是感到心里空虚,思维乱成一团麻,分不清主次轻重。遇事犹豫不决,不知道自己该做什么,不该做什么。就像一艘轮船在大海中失去了方向,就会在海上打转,直到把燃料用完,仍然到达不了岸边。事实上,它所用掉的燃料,已足以使它来往于大海两岸好几次。

同样的道理,一个人如果没有明确的目标以及达到这些目标的明确计划,不管他如何努力工作,都像是一艘失去方向舵的轮船。如果一个人并未在心中确定他所希望的明确目标,那么,他又怎能知道他已经获得了成功呢?

青少年朋友们,一个缺乏目标的人生将是毫无意义可言的。没有目标的人生,就像一艘无人驾驶的小舟,漫无目地随风飘荡。确立了目标的人,在与人竞争时,就等于已经赢了一半。确立目标是成功的起点,所以,你们首先必须认识到"确立目标"的重要性。

**找到目标,才能找到人生的方向**

前美国财务顾问协会的总裁刘易斯·沃克曾接受一位记者采访,要他谈有关稳健投资计划的基础问题。他们聊了一会儿后,记者问道:"到底是什么因素使人无法成功?"

沃克回答:"模糊不清的目标。"记者请沃克进一步解释。他说:

7

"我在几分钟前就问你，你的目标是什么？你说希望有一天可以拥有一栋山上的小屋，这就是一个模糊不清的目标。问题就在有一天不够明确，因为不够明确，成功的机会也就不大。"

而在现实生活中，有数以千计的人，他们共同的悲哀是："我无法决定"。这真是人生最大的遗憾之一。因为，"无法决定"的背后是对"成功目标"缺乏信心，它将扼杀人的希望、自信、进取精神和未来成就。一旦你陷入犹豫不决、彷徨无助的境地时，便无法胸有成竹地向一个明确的目标迈进。

一个没有目标的人就像一艘没有舵的船，永远漂流不定，只会到达失望、失败和丧气的海滩。其实更多的时候，目标还是要靠自己选择。惟有自己才明白自己的特长和潜力所在，才最明白什么样的目标才会让你永久沉迷——而沉迷是迈向成功的重要心理保证。

你可曾想到，大多数人都是在没有明确目标或明确计划的情况下，完成了教育，找一个工作或开始从事某一种行业。但许多人依然如无头苍蝇到处乱撞，找不到合适的工作。因为他们从一开始就没有确立明确的目标，所以到了"而立"之年乃至"不惑"之年，还在为找不到合适的工作而苦恼，人生始终处于失败状态。

就比如，你真的希望在山上买一间小屋，而你就必须先找出那座山，找出你想要的小屋现值，然后考虑通货膨胀，算出 5 年后这栋房子值多少钱，接着你必须决定，为了达到这个目标每个月存多少钱。如果你真的这么做，你可能在不久的将来就会拥有一栋山上的小屋，但如果你只是说说，梦想就不可能实现。梦想是愉快的，但没有配合实际行动的模糊梦想，则只是妄想而已。

为了明白目标的重要性，我们可以这样假设一场生死攸关的篮球冠军争夺战中的一个场景：

两支出色的球队在做了赛前的热身运动之后，他们返回到更衣室，教练给他们面授行动前最后的"机宜"下达最后的指示。他告诉队员："队友们！这将是我们的最后一战，成败就在此一举，我们要么会青史留名，要么默默无闻，结果就取决于今晚！没有人会记得第二名！整个赛季的成败就在今晚！"

听到这里，队员们无不激动澎湃，热血沸腾。一个个像被打足气的皮球。然而当他们冲出门跑向球场时，几乎要把大门从框上扯下来。可当他们来到球场上时却愣住了。原来他们发现球篮不见了。

没有球篮，他们就没法知道比分，就无法知道他们的球是否命中，他们的比分是否多于对手。总之，没有投球的目标，他们就无法进行比赛。球门对于球类比赛相当重要，对吧，那你呢？你是否也在打一场没有球门的比赛？如果是这样，你的得分是多少。

所以，聪明的人，有理想、有追求、有上进心的人，一定都有一个明确的奋斗目标，他懂得自己活着是为了什么。因而，他的所有努力，都是围绕着一个目标所进行的，他知道自己怎么做是正确的、有用的，否则就是做了无用功，或者浪费了时间和生命。

在你们成长的道路上，只有确立了前进的目标，才会最大可能地发挥自己的潜力。只有在实现目标的过程中，你们才能够检验出自己的创造性，调动沉睡在心中的那些优异、独特的品质、才能锻炼自己、造就自己。

## 3. 给自己建造人生灯塔

梦想是建造在云端的高塔，塔顶有一盏实现梦想的灯，如果你朝着灯塔攀登为梦想不懈努力，那盏灯就会被燃亮、梦想成真！

——题记

有人曾把人生比作汪洋上的一次航行，那梦想便是掌舵者用心灵在远方建造的灯塔，无论前途多么艰险迷茫，它都会为其指明方向，最终使其登临彼岸。没有梦想的人生不是人生，因为人们没有生活的目标。有梦想才有了奋斗的目标，才会不懈的努力付出向目标前进，才会创造出灿烂的人生。

### 梦想，指引人生的灯塔

曾在一个中学生的作文上看到：梦想，是伫立在夜雾茫茫的大海上的一座灯塔，若隐若现，时明时暗，照着我们的人生航程。梦想，人生的灯塔。在人生中，没有一座灯塔来为我们的生活指引前行，那样的生活好可怕、迷茫、恐慌。

青春年代，你们踏着青春的步伐一路走来。而生命，以不断出发的姿势得到重生。为某些只有自己才能感知的来自内心的召唤，走在寻找梦想的路上，无法停息。

美国总统林肯曾说过：自然界里的温泉的高度不会超过它的源头，一个人最终能取得的成就不会超过他的梦想。的确如此，如果在青春的路途中，没有梦想为大家指引前行，那你们就犹如从树上飘落下来的最后一片枯叶。在西风残照中孤零零地漫无目的地乱舞，又何谈走得远，飞得高呢？一个没有梦想的人生，前途是渺茫的，如茫茫大海上的一艘没有航标的小船，漫无目的。

处于青春岁月的你们，还处于懵懵懂懂的青春期。在这繁华的世界里，你们容易被日常生活的忙碌所捆绑住，让那些无数细小而琐碎的事情，扰乱了你们的双眼，模糊了你们的视线，凝滞了你们前进的脚步，绊住你们刚刚起步的人生。这样没有远大梦想导航的生活，没滋没味，空白的如张白纸。

对于你们来说，拥有太多五彩斑斓的青春，是上天的一种恩赐，也是自己争取的所得结果。可是，其中难免会有破灭的伤痛，然而它并非是阻碍你们前进的障碍。它让你们学会的是面对，面对人生的不如意。生活之路不会永远平坦，穿梭其间的曲折坎坷要你们自己去走下去。在青春飞扬的日子里，经历一场由幼稚到成熟的蜕变，纵然会有疼痛和伤感，可要坚持走下去，走在寻找梦想的路上。因为青春是生命中的淡淡柠檬草，心酸里有芬芳的味道。

法国作家罗曼·罗兰说过：人生应有两盏灯，一盏是希望之灯，一盏是理想之灯。青春年少的你们，就让这两盏灯指引你们前行吧。否则，你们的生活永远不会有变化，你们永远也不可能变成某种崭新的东西。你们也将被无边无际的黑暗湮没向上的渴望，被漫无边际的绝望封锁萌动的激情。在阴霾与麻木中迷失方向，亲手葬送掉自己的青春。青春时代的你们，不能为一时的曲折阴霾而停滞行走的脚步。要用梦想充实明天的行囊，走出一条属于自己风采的人生之路！

梦想，人生的灯塔，在人生的道路上指引着你们前行！

### 梦想的灯塔，是自己建的

很多青少年问这样一个问题：梦想就真的不能那么容易实现吗？对，梦想不是随便达到的目标。在人的一生中，只有经历种种磨难后，才会明白成功的艰辛，梦想实现后的那种甜甜的滋味。人们才会懂得倍加珍惜，才会不断奋斗！明天不一定会更好，但是更好的明天一定会到来！你们还年轻，未来的日子还很长，你们的成功其实只差一步之遥，你们的梦想就在前方等着你们！

你们要记住：失败并不可怕，只是我们还没爬到成功的塔顶，还没有点燃我们的梦想之灯。那么，我们所要做的就是，还要继续向上爬，勇往直前去点燃梦想的灯！在生活中，同学们不必和别人比高低，更不必瞧不起自己。既然你们是一个完整的生命，就应该拥有自己生命的辉煌。但是，那辉煌不是别人给予的，而是自己创造的。

有这样一个感人的故事：一个山区的女孩子，为了可以走出大山，为了实现自己走上教师讲台的梦想，经历了一段辛酸的路程。她就叫王雪。

从小就长在贫困山洼里的王雪，天天盼望自己可以长大，背上书包去读书。可是，就在她终于盼到了上学的年龄，就在她背着书包准备迈出家门的那一刻，被她的母亲挡住了门口，这深深地伤害了她幼小的心灵。

但是，小王雪不气馁，流着泪一再苦苦哀求。母亲心软了，终于答应让女儿去上学了！她就用这个梦想一直在支持着自己，支持自己说服母亲的想法。

从这以后，小小的王雪第一次尝到了人生的艰辛。她每天要起得早早的，走40多公里的山路。陪伴她的，是她亲手缝制的布书包，还有那本十几个人用过的珍贵的旧课本。坐在稻草捆上，用着泥土制成的小桌，王雪感到无比的温暖。当她拿出那本旧课本时，几个小伙伴争先恐后地向她借。可是，每个都是小心翼翼地拿起来翻看，又小心翼翼地送还给她。

就这样，她珍惜上课的每一分每一秒，记住老师上课说过的每一句话。冬天的天气总是特别冷，外面的雪花像鹅毛一般飘落下来。坐在教室里，王雪的小脸冻得发紫，浑身冷得直打哆嗦，手中始终紧攥着一枝不如小拇指长的铅笔头，认真地抄写着老师在"黑板"上写下的每一个字！她的刻苦和艰辛，她的汗水、泪水，绽放出一个又一个生命之花。她用为自己的坚持和信念，为自己建立了一座指引人生的灯塔——梦想！

无论你是城市的孩子，还是农村的孩子；是家境富有的孩子，还是家境贫困的孩子；无论是身体健康，还是身有残障，只要你拥有梦想和行动，你就一定能像王雪那样，怀着心中的梦想，去登上自己心中的"顶峰"。

你们人生巅峰的高度，取决于你自己心中目标的高度；人生价值的大小，不取决于分数，不取决于别人如何看待你，而是要用你的梦想和行动去衡量。

# 4. 要知道自己人生的航向

要想达到目的，首先确定方向。

——卡尔·弗雷德里克

青少年是新世纪的栋梁，是祖国的未来。在自己的人生中，你们希望扮演什么样的角色呢？是被动的由他人安排？还是自主的选择自己的人生？知道自己将驶向哪里，生活就是你的天堂，让你从容自信；知道自己驶向何方，生活就是你的快马，让你快意纵横。

明白自己的目的是什么，知道自己驶向哪里，是人生奋斗的前提，方向决定了你的命运，影响着你的前途。

**人生最大遗憾是不知道自己驶向哪里**

在人生的旅程中，如果不知道自己将要驶向哪个港口，那么，对他来说，也就无所谓顺风或者是逆风了。没有方向、没有计划的生活叫做碌碌无为，停滞的思想只会让你面临着被淘汰，不知道自己驶向何方，你永远只在原地踏步。

人生最大的遗憾就是没有方向，不知道自己将会驶向哪里，这是一件很可悲的事。作为一名有志向的中学生，在人生的十字路口，要懂得去寻找自己的方向，学会自己去选择自己的方向，确定人生航程的方向。这样，在上路的时候，你才不会害怕暴风雨的袭击，因为你知道自己将会驶向哪里，你就会有足够的勇气去面对航程中的一切艰难险阻。

有这样一个寓言故事。说的是在茫茫的渤海中有一条鱼，这条鱼逆流而行，它冲过海滩，划过激流，穿过湖泊中层层渔网，躲过深海中无数水鸟的追逐，拼命的往上游。它不停的游，穿过山间的小溪，挤过浅滩的乱石，避过所有的暗礁，克服了所有看起来不可能克服的困难，在一天的早上，它游到了唐古拉山脉。

然而，还没来得及在这座山脉跳跃一下，还没来得及在这水中畅游一番，还没来得及品尝这清泉的甘甜，还没来得及欢呼一声，瞬间就被结成了冰。

多年以后的某一天，一个登山队发现了这条鱼，它还保持着向上游的姿势。队员们看出它是来自渤海中的一条鱼，都被它的不屈精神所感动，所折服，无一不赞叹它的勇敢与无畏。其中的一位老人却说：它固然勇敢，却只有伟大的精神，没有伟大的方向。

如果一个人不知道自己驶向哪个码头，无论什么风都不会是顺风；如果一个人不知道自己驶向哪个方向，无论到达哪里都不知道为什么来此。

处于青春期的你们，正是应该确定自己人生航向的时候，在人生的航程中，一定要弄明白自己将要行驶的方向与目的。一个人要知道自己想要什么，要清楚自己的目标是什么，如果想要的东西太多，或者没有清晰的目标，就像走在一个十字路口，左右为难、徘徊不定，于是乎，轻者彷徨、烦恼；重者挣扎、痛苦、备受煎熬。其次，人生虽有顺境、逆境之分，但境遇并非完全由上天决定，自己做出选择的那一刹或许已经决定未来的旅程是一帆风顺还是逆势而行。因此，明白自己驶向何方，是生命征途中很重要的一件事。

### 清楚知道自己的方向

人生就是让自己的目标一个一个变成现实的过程，当一天和尚撞一天钟，得过且过的日子是庸者的生活。人生要有目标，要不断努力，当你找到自己的目标并一直努力地向前跑，相信每个人都可以发光发亮。

人生道路虽然蜿蜒曲折，还有很多的岔道，但是放眼望去，岔道上似乎有美妙的风景，你或许会踌躇，该走哪条路。要走好人生之路，就要选对路，而很关键的是要找准方向，清楚知道自己的方向在哪里。

有一则寓言是这样的：在非洲大草原上，夕阳西下，这时，一头狮子在沉思，明天当太阳升起，我要奔跑，以追上跑得最快的羚羊；此时，一只羚羊也在沉思，明天当太阳升起，我要奔跑，以逃脱跑得最快的狮子。虽然狼知道羚羊有着一对飞快的腿，但它有自己的方向；虽然羚羊知道总有一天被狼吃掉的可能，但它也有自己的方向。在生活中，亦是如此，无论你是狮子或是羚羊，当太阳升起，你要做的，就是奔跑！

你不见向日葵总是朝着太阳吗？当太阳刚从山头露出笑脸时，伴着清风的吹拂，伴着鸟儿的歌唱，向日葵将头抬起，花盘朝着太阳。当太阳从天空的东边移到西边时，向日葵的花盘也从东边转向西边。在其间，不管是有蚂蚁的拜访，还是有蝴蝶的问候，它都不会因此而停留片刻，它心系的是太阳，因为，太阳是它的方向。

你不见大雁总是朝着南方飞翔吗？当秋日渐来，伴着秋日凉爽的风，伴着枯叶悠悠的落下，大雁起程了，在广袤的蓝天下，它们或许会变换队形，或许会发出在山谷回荡的鸣叫，但是，它们的方向始终是一个，那就是南方，它们永远坚持这个方向。在其间，它们不会因为落叶的飘零或是秋天的凉意而折回，它们不会因为在旅行中遇到危险而停留，它们执著地向着南方飞翔，因为，那里是它们的方向。

向日葵朝着太阳生长，追随太阳的方向，这样才能获得最多的阳光，让自己成长的更加高大；大雁朝着南方飞翔，坚持不懈的飞翔，这要才能帮助它们度过严寒的冬季，让自己得以生生不息的目的。无论是向日葵还是南飞的大雁，它们都选对了自己的方向，知道自己驶向哪里。

人，也要找准自己的方向，若迷失了方向，纵有再多的热情与努力，结果也不是自己想得到的。法国的拿破仑在进行的早期战争中是为了保卫法国，所以，他取得很大成果，推动了法国的历史车轮向前进，因为他找准了方向。后来他的勃勃野心使他变成了一个疯子，肆意侵略，导致了他的失败，因为他迷失了方向。

人生的道路有千条，选择哪一条道路决定了你的人生航向，不管哪一条道路，你都要给自己找一个正确的方向，沿着这个方向努力地走下去。只有知道自己驶向哪里，找到方向，你才有可能找到希望，找到成功。

"你我相逢在黑暗的海上，你有你的，我有我的，方向。"亲爱的中学生朋友，不管你选择了哪个方向，但希望你知道自己将会驶向哪里。

## 5. 让想象为理想插上翅膀

在我们身边会经常听到这样一句话："不怕做不到，就怕想不到。"想象是人生来就有的天赋，是不可预测的，但人类又不能不去想象，古时人们要飞鸽传书、烽火连天，如今有了网络，有了 E –

mail，这都离不开人们的想象力，要实现心中的梦想离不开丰富想象。

通常情况下，人类许多奇妙的新观念和主意常常是由想象的火花首先点燃，然后运用某种手段，再加上不懈的努力去实施，以一颗持久的心去面对，终得所愿，实现自己的目标，这就是理想。想象与理想是感性与理性的化身，想象能给科学以灵感和启迪，理想是科学前进的动力，只要有想象的光芒照耀，人们就会遇事百折不回，以达到最终目标。

### 想象力是人类创新的源泉

爱因斯坦曾经说过："想象力比知识更重要，因为知识是有限的，而想象力概括世界上的一切，推动着进步，并且是知识进化的源泉。"由此可见，想象力是智力结构中一个富有创造性的因素。加强想象力的培养，是培养学生创新精神、成就理想的一条重要途径。

英国一名穷学生成立网上广告版，他以 1 美元 1 象素的价钱卖出栏位供人宣传，结果短短四个月就将自己设计的网页格子全部售出，一跃成为百万富翁。后来，这位"神奇小子"又有新创意，方法依旧，但广告价钱上升一倍，但是浏览者有机会中奖 100 万美元。据了解，这位"穷学生"从小就有很多精灵古怪的想法。他的这种奇思异想让他成为一个知名人。有时候，奇思异想是一种特有的生存智慧，处处能产生出奇制胜的效果。

可见，创新需要奇思异想，人类每次伟大的创新背后必定有一个完善的创新体系，有一条长长的创新生态链。在人类史上，如果没有奇思异想的话，那我们的生活就会变得枯燥无味。是什么让人发明了电脑多媒体？是什么让人发现了科学的定律？是什么让人类的文明越来越辉煌？是什么让世界越来越美好？是众多的奇思异想！所以，创造离不开奇思异想。

　　法国的一位生物学家曾说过："构成我们学习最大障碍的是已知的东西，而不是未知的东西。"人只有大胆地去幻想，才能提出独到新奇的见解，而已知的东西，只能让人的大脑局限于所了解的，束缚了大胆的想象。据科学研究发现，一般人在日常生活中，只被动的用了大脑中15%的想象力。而科学家之所以具备丰富的想象力，就是因为这些人大脑中的想象区经常处于一种兴奋状态，善于构思，才创造出推进科学发展的新生事物。

　　牛顿说过："没有大胆的猜想，就做不出伟大的发现。"也正是这样，所有的理想、荣誉、成就、都源于创新创造，而创新和创造首先都要依赖于想象力，正如一位名作家说的：人类一切创作性的活动，都是以想象为支柱的。作为在校的中学生，正处于智力发展日趋成熟的时期，创造性想象力发展速度很快，并善于将创造想象与创造活动联系起来，这正是培养学生想象力的"黄金时期"。

### 驰骋想象，任理想展翅飞翔

　　人类的想象力是非常伟大的，这也正是与其他物种相比，人类能够飞速发展的根本原因。因为有了想象力，我们才能发现新的事物定理，创造出更多的物质财富。如果没有想象力，人类将不会有任何发展与进步，也不会有什么理想、目标。

　　爱迪生之所以有上千种发明，其根本原因就是他能保持一颗幻想之心；牛顿由一个苹果落地，而想到地球的万有引力这一重大发现，同样是因为有了想象力；我们人类的祖先，在很久以前过着茹毛饮血的生活，吃的全是生食。一次闪电烧毁了大片的森林和动物，饥饿难耐的人类祖先，为了填饱肚子，就跑来吃那些被大火烧熟的动物。竟然发现很好吃，所以我们的祖先就通过这些想到了怎样才能保留火种；怎样才能取暖；怎样才能利用火，之后又开始想象创造文字、语言等能力的增加更加激起人类的想象力，开始了新的探索之路。

电话的发明者贝尔，年轻的时候就跟随父亲从事聋哑人的教学工作。后来，他成为美国波斯顿大学教授，他在与别人发电报的过程中，萌发了利用电流将人的说话声音传向远方，使远隔千山万水的人如同对面交谈的念头。这个"奇思异想"在他脑中盘旋了很长时间。后来，一个偶然的机会，他实验室的一个弹簧粘到磁铁上了，他拉开弹簧时，弹簧发生了振动。据此原理，后来他发明了电话。

青少年朋友们常常看到伟人发明创造的神秘之处，却不知道许多伟人的伟大发明创造都是建立在想象的基础上的。其实，我们每个人身上都天然具有这些"想象"的潜能。创造是人的天性，只要我们具有良好的心态与勤于实践的习惯，就可能会有所发明创造。你们要养成善于观察、善于想象的习惯，让自己的理想在想象的天空里飞翔。

人们如果失去了想象，人类也无法进化。有人认为，"想象力是照亮开往未来的大道，调查通往未来的线索的指针，并对计划走此路线的人提供了最佳的指导方法。"因此，人的想象思维是走向理想之路的标码，只有尽情地发挥自己的想象，才能尽快的实现自己的心中之愿。

现今，绝大多数的你们只知道埋头苦学，漫无目的地游荡着，随波逐流。只因为大家没有对未来的多样性想象，没有理想，只安于现状。倘若一个人具备了丰富的想象力，那么他就会比别人更早地进入为一个目的而奋斗的阶段，当别人还在始点徘徊的时候，他已经踏上了理想之路，怎能不比别人先实现理想呢？

# 6. 极强的目标让你获得成功

赢得好射手的美名，并非由于他的弓箭，而是由于他的目标。

——莉莱

人的大脑发育水平，对于每一个人来说，基本是平等的，除去那些天生的神童和天才以外，这个世界是没有谁比谁要聪明的多。在现实生活中，却有很多看起来很聪明，但就是学习老赶不上去的学生，其主要的原因就是：目标感不强。

目标感不强的同学，做事虎头蛇尾，不能坚持，最终一事无成，就像脚踩着西瓜皮，滑到哪儿算哪儿。而目标感恰恰是情商中最核心的因素，有了目标的人，不管前面的路有多崎岖，多曲折，他都会一往无前。有很多没有目标感或者是目标感不强的学生，往往没有那些目标感强的学生进步的快。

### 目标感不强最容易失败

一个目标感不强的人，是不会在成功的路上走到头的。有人说：两个以上的目标就等于没有目标。可见，目标是一个专注的东西，目标只有一个。

20世纪40年代，有一个年轻人，先后在慕尼黑和巴黎的美术学校学习画画。二战结束以后，他就靠卖画来维持生计。

一天，他的一幅未署名的画被一个人误认为是毕加索的画而买走了。经过这件事以后，他想，我何不去模仿毕加索呢。此后，他一模仿就是20年。

20多年以后，他一个人来到西班牙的一个小岛上，他想有一个家，让自己安顿下来。有一天，他再一次地拿起了他的画笔，画了一些风景画和肖像画，并署上自己的姓名出售。但是，他的画过于感伤，主题也不明确，没有得到他人的认可。更不幸的是，当局查出他就是那位躲在幕后的假画制造者，考虑到他是一个流亡者，所以没有判他永久的驱逐，而给了他两个月的监禁。

这个人就是埃尔米尔·霍里。不可否认的是，埃尔米尔在画画方面有独特的天赋和才华，但是，他由于没有找准自己的方向，没有找到自己的目标，没有强烈的目标感，终于陷进泥沼，不能自拔，并终究难逃败露的结局。最令人可惜的是，他长时间地在模仿别人的画，以至于让自己丢了最宝贵的思想，在募集中渐渐迷失了自己，再也画不出属于自己的作品了。

究其落魄的原因，可以说他是目标感不强，错把别人的目标当成了自己的目标，所以，最终他难逃失败的结果。

**朝着一个目标走，你就会成功**

罗曼·罗兰说："人生最可怕的敌人，就是没有明确的目标。"但是，有了明确的目标之后，还要有极强的目标感，坚持不懈地走下去。目标是一个路牌，在迷路时为你指明方向；目标是一盏明灯，照亮了属于你的生命；目标是一方罗盘，给你导引人生的航向；目标是一支火把，它能燃烧每个人的潜能，牵引着你飞向梦想的天空。的确，目标是你追求的梦想，目标是成功的希望。失去了目标，你便失去了方向，失去了一切。

当你定下一个目标时，接下来就要努力让自己朝着一个目标走，无论发生什么样的困难，都不要放弃。也许在开始的时候，你会感觉到有压力，感觉力不从心，没关系，只要坚持下去，成功就在下一个转角等你。

在一座山村里，有一匹马和一头驴子，它们是好朋友，马在外面拉东西，驴子在屋里推磨。有一天，马被主人选中要出远门做生意。

转眼间，10年过去了。10年之后，这匹马驮着一车车的物品回到家中，它重到磨坊会见驴子朋友。老马谈起这次旅途的经历：浩瀚无边的沙漠，高入云霄的山岭，凌峰的冰雪，热海的波澜……那些神话般的境界，使驴子听了极为惊异。驴子惊叹道："你有多么丰富的见闻啊！那么遥远的道路，我连想都不敢想。"老马说："其实，我们跨过的距离是大体相等的，当我向远方前行的时候，你一步也没停止。不同的是，我和主人有一个目标，这10年来，按照始终如一的方向前进，所以，就打开了一个新的世界。而你，这10年来一直在磨盘旁边打转，因此，就永远也走不出这间屋子。"

在生活中的道理也是如此，对于青少年朋友来说，没有极强的目标感，将意味着只能收获年龄的成长，收获不了心智上的成长。如果你想成为一个对社会有用的人，如果你想成为一个自己理想中的人，那么，你必须要有一个明确的目标，并拥有极强的目标感，以此作为自己生活用的核心目标，那么，它可以成为你人生中的"北斗星"。

在日常生活中，这样的同学是否也在你的身边存在呢？在考试之前，有同学就跃跃欲试的说，这次考试我要进步多少名；有同学说我要提高多少多少分；有同学说我一定要拿第几名……他们的目标清楚，方向明确，可结果呢，却不一定是人人都可以达到。

这里，主要原因就是：他们没有极强的目标感。一个没有极强目标感的人，就不会有切实的行动，或者是行动不连续，这也就造成了一种现象，最终目标只是成为一种口号，挂在嘴上或者墙上而已。

所以，你们在学习的过程中，一定要切忌浮躁，踏踏实实地选择自己的目标，让自己成为一个有着极强目标感的人，在实现目标的过程中，把自己打造成一个各方面都很优秀的青少年，为自己的将来打好最坚实的基础。

总之，成功是每个人的追求和向往，但这需要极强的目标感作为后盾，再加上自己坚持不懈地为之奋斗，相信人人都可以成功。因此，你们要拥有一个极强目标感的心态，让自己离成功更近一步。

# 第二节　实现价值

## *1.* 心中装有太多太多的梦

梦想就是创造，希望就是召唤，制造幻想就是促成现实。

——雨果

青少年朋友们，在小时候，每个人都有着好多好多的梦：梦想长大做一名科学家，梦想长大可以去月球，梦想有一天可以指挥千军万马，到自己长大当名警察，梦想有一天驾驶着自己的飞机，梦想自己拥有一家国际公司，梦想……大家的梦想是美好的，也都怀着这样的梦想在成长的道路上走来。无论那个梦想离现实有多遥远，对于那时幼稚的你们来说，那就是个美梦，是股力量，都希望长大让梦想成真。

**人人都有太多太多的梦**

人降临到这个世界上的那一刻起，就有了梦想。从哇哇大哭到自己可以说话走路开始，脑子里就已经堆积了很多很多的梦。不论这个梦是大是小，是否实现了，它都在给人们的生活增色添彩，在照亮人生的旅途。梦，就是人们生活的动力，而梦又时时存在着。

走在这茫茫人海里，每个人都在为自己心中的那个梦而奔波。一个露宿街头的乞丐，梦想明天自己可以有座房子，哪怕是个破房，只要能挡风遮雨就行；一个时不时做点坏事的流浪儿，多么想自己有一个温暖的家，哪怕爸爸妈妈不爱他，只要有"家"的概念就行；一个患小儿麻痹症的男子汉，多想明天一觉醒来跟正常人一样，哪怕拥有正常人的一样，只要可以行走就行；一个天天在外摆摊的小贩，多想自己有个正规的工作，哪怕工资不太乐观，只要天天不用过躲避的日子就行……芸芸众生，生活不同，梦想不同，但相同的是心中都有很多个梦。

有一天，一位牧羊人带着两个孩子在山坡上放羊。突然，一群大雁鸣叫着从他们头顶上飞过，并很快消失在远方。这时，牧羊人的小儿子问道："大雁要往哪里飞呢？"牧羊人说："它们要去一个温暖的地方度过寒冬。"大儿子则眨着眼睛羡慕地说："要是我也能像大雁那样飞起来就好了。"小儿子也说："要是能做一只会飞的大雁该多好啊！"

牧羊人沉默了一会儿，然后对两个儿子说："只要你们想，你们也能飞起来。"两个孩子像大雁一样，张开胳膊在山坡试着飞起来，可是却没能飞起来。这时，牧羊人肯定地说："你们还小，只要不断努力，将来就一定能飞起来，去想去的地方。"

两个儿子牢牢记住了父亲的话，并一直努力着，等他们长大——哥哥36岁，弟弟32岁时——他们果然飞起来了，因为他们发明了飞机。这两个人就是美国的莱特兄弟。

莱特兄弟的飞翔梦，相信大家也曾梦想过。人人都有太多太多的梦。无论是名人还是明星，他们都与普通人一样，也有着梦的世界，梦想自己可以成名，梦想自己可以管理国家，梦想自己可以成为好莱坞巨星，梦想自己可以周游世界……不错，这样的梦想辉煌而璀璨。可是，这个梦，人人都不敢想的梦，人人又都想去追求的梦。

作为众生中的一员，作为奋发向上的青少年，你们也有着自己生活中的梦想，梦想自己可以成为班级里"Number One"，甚至全校、全区、全市、全省、全国的"First";梦想自己可以考上最好的高中、名牌的大学,在拿上一流的、人人羡慕的学位证;梦想自己可以开家公司,指挥千军万马,甚至可以进入全球 500 强;梦想自己……青少年的你们,也有着这么多或大或小、或远或近的梦想。这些梦想能否可以成真,关键在于你是怎样去对待。

梦想,不是个梦,是人生中的一个目标。这些太多太多的梦,是对人生的一种追求,对自己欲望的满足。心中太多的梦,也许可以使你成为名人、伟人,也许还可以让你望而却之。作为当今朝气蓬勃的青少年,为自己心中那个梦想去奋斗,去拼搏吧!它就像一团火,在你心中熊熊燃烧,来激起你对生命的热爱,对生活的追求。

### 学会把梦想交给自己

梦想可以很多,但要学会把握;梦想可以很远,但要学会坚持;梦想可以很大,但要学会牢记;梦想可以很小,但要学会不满足,因为还有更多的梦等着你去实现。学会把梦想交给自己,心中的那个梦离实现就不远了。

在生活中,有很多人经常对别人大谈自己的梦想,甚至把自己的那个梦托付给别人,"若得不到你的帮助,我就完了"、"你那么厉害,完全可以帮我完成"……似乎那个梦不是自己的。这样的做法是非常可怕的,即使那个梦实现了,可自己的那段人生不就感到空虚了吗?把梦想握在自己的手中,就是在握自己的命脉。

名声显赫的美国钢材大亨特纳,在他的人生里有这样一个故事,这个故事转变了他的整个命运。

NBA 小巨人博格斯从小就酷爱篮球,几乎天天可以看到他在篮球场上的影子,当时他的梦想就是有一天可以打 NBA。对于身高只有 160 厘米的博格斯,在东方人眼里都已算是个矮子了,更不用说身材高大的 NBA 了。

然而，为了实现自己的梦想，他拼命苦练。他睡觉抱着球，出门带着球，即使是去倒垃圾，也是左手拎垃圾袋，右手运球，结果把垃圾搞得到处都是，父亲骂他，邻居也笑话他，可这都无济于事，他照样我行我素。

第 10 届世界锦标赛后，博格斯成了明星，成了人们围观的对象，只要他在哪儿出现，哪儿就有疯狂的人群。博格斯不仅是现在 NBA 里最矮的球员，也是 NBA 表现最杰出、失误最少的后卫之一，不仅控球一流，远投神准，甚至在高个队员面前带球上篮也毫无畏惧。

NBA 小巨人博格斯的梦想实现了，因为他一直把梦想交给自己，让梦想在现实中展翅高飞，梦想一旦被付诸行动，就会变得神圣。

名人之所以可以成为名人，是因为他们可以把自己的梦想交给自己。作为青少年，握住自己心中的那个梦想，不论这个梦想是大是小，是远是近，都要让自己来完成，这才是人生。梦想可以有很多，但不可以不会把握。不会把握的人，有太多的梦想，那也只是空想。

# 2. 欲望放飞人生的梦想

只要我们能梦想，我们就能实现；只要我们对梦想抱以极大的欲望，欲望便可提升实现梦想的那股热忱。

——题记

人的一生中有很多选择的机会，包括选择自己的梦想。而这些又会或多或少地影响着我们的人生，每一个选择都是人们潜意识里使自己满意的那个结果。那就是我们常说的欲望。它是想得到某种东西或想达到某种目的的要求。而人们要达到自己的梦想，就需要欲望这个发动机的启动。总而言之，梦想是欲望的载体，欲望是梦想的发动机。

青春期，是青少年充满欲望的旺盛时期。成长中的你们，对周围世界的好奇，激起了你们心中无数个梦想。而这些梦想，需要借助欲望的动力去实现。

### 欲望、人生与梦想

提到欲望，人们不禁问到：欲望是什么？有人说欲望就是人生，有人说欲望就是梦想，有人说欲望就是一种捉摸不透的意志。不管它是什么，它就是燃烧人生激情的火把。

有一个乞丐，在凄冷的黑夜中行走着，饥饿、寒冷、倦意侵袭着他。当他经过一个餐厅的时候，看着里面吃着正香的人们，嘴不自觉地动了动，这时他想如果有一块面包多好啊；当他经过一个宾馆的时候，这时他想如果有一张床就够了。想着想着，就走到了一个路灯的下面，他看着对面万家灯火的豪宅，心里有了一间房子的欲望。面包、床、房子，对于他而言，是一个梦想。这时，他的心中就像海浪翻滚着，浑身充满了力量，他对自己说："为了我的面包、床、房子，我要去工作，不再过流浪的生活。"几年之后，他在路灯对面的买下了自己的一栋豪宅。

乞丐希望每天多点人的施舍，打工仔希望能多拿点工钱，企业希望多赚钱，从政的希望能升官，明星希望天天有粉丝追捧……其实，人都有着不同的欲望。

德国著名哲学家叔本华说："人生就是一种欲望，当这种欲望得不到满足时，就变成了一种痛苦；当欲望得到满足时，就变成了一种无聊。所以，人生就是在痛苦和无聊之中挣扎。"由此可见，欲望是不可忽视的。

青少年面对着繁华的世界，喧闹的人群，激烈的竞争氛围，心中是无法平静下去的。因为你们的好奇，会在心中形成无数个或好或坏的欲望。有欲望，不是不好，是很好，这是激发你们学习、生活、实现梦想的动力。怕的就是，懵懂的你们分不清欲望的好坏，因为世界是复杂的。在欲望面前，保持好清醒的大脑，有着明智的抉择，是很重要的。因为欲望、梦想，在造就着你们的人生。

欲望分很多种，人们一般把胜利者的欲望描绘成理想的蓝图成功的基石，却把失败者的欲望勾勒成野心和阴谋，于是生命在欲望中诞生，又在欲望中消逝。

每个人都有自己内心的欲望与梦想，这也是积极的人生态度的具体表现。因为心中有了欲望和梦想，所以我们才去不懈的追求，因为心中有了梦想，所以我们感觉追求的过程是快乐的。欲望不仅是动机，它还一直充满着实践的全过程，因此欲望在于动机、过程、结果的高度统一。生命就是一团欲望，欲望的过程构成了人生，欲望的结果则成了人生观，生命因此就在欲望中冲击、调和、飞升。

人生不可以没有欲望，人生不可以没有梦想，人生不可以没有追求，人生不可以没有激情。生活给予了我们意想不到的幸运与不幸，对于未来，无论前方的路有多少坎坷和磨难，我们都要勇往直前的去追求，幸运和不幸都是一首耐听的歌。处于学习时期的你们，难免遇到些暂时的困难，可这些挡不住你们奋发向上的人生追求。

**欲望是梦想的发动机**

欲望是梦想的发动机，是走向成功的加速器。而成功，首先是需要想象出来的，这就形成了成功的梦想，继而就有了实现梦想的欲望。处于成长中的青少年，你们何尝不想迈向成功的巅峰，何尝不想让自己的梦想成真？而这些就是让你们行动起来的欲望。

回过头来，看看这些成功人士的道路和人生感悟，就明白欲望对成功来说，起着多么重要的作用。无论是纵横商海里的商人，还是演艺界里的大腕，他们都对成功有着特殊的看待，这种看待就像一团燃烧中的欲望之火。

有一位29岁的年轻人，已经拥有了几千万的资产。一位记者曾采访他，问到："在你成功的道路上，你是怎样看待它的？"这位成功人士笑了笑说："从我拥有成功这个梦想开始，我就把它看得像自己的腿、像自己的心脏一样重要。只有这样，才可以让欲望之火燃烧得更有激情，奋斗的毅力才会更坚定。"记者被他的话震撼了。在人生的道路上，只有把心中的梦想看得如生命一样重要时，无论是什么事情，我们都可以做到的。

的确，人生在世，把自己的事业、自己的梦想看得比呼吸还要重要，这是成功者火一般强烈的成功欲望。他们可以停止呼吸，但不可以停止思考如何去成就他们的事业，去实现他们的梦想。当一个人拥有强烈的成功欲望时，就会把心中的意念时刻集中在一个目标上。世界上不管什么事情，只要大家长期专注在上面，就能获得成功。

这些名人之所以能够成功，是因为他们知道，一个人即使没有能力、没有资金、没有人际关系、没读过大学、没有任何的资源，只要心中燃烧着成功的欲望之火，就一定能想出办法来，变弱势为强势，变没有资源为最大的资源，变不可能为可能。这种强烈的成功欲望是什么也阻挡不了他们前进的步伐。

亲爱的青少年，考上重点高中、名牌大学，是你们每一个人学业上成功的梦想。而这个梦想需要心中的欲望来启动，来激起那股拼搏奋斗的动力。假如你们没有实现梦想的决心和勇气，没有排除万难、决不气馁的精神与坚定的信念，没有疯狂得不可思议的目标，没有成功的炽热欲望，即使给你们一千种方法、一万条道路，都是没有用的。

你们依然会找出一万零一个借口，来证明自己不会成功。

有名人说，如果说成功等于欲望加方法，那么欲望则占 100%，而方法，只是强烈的成功欲望所派生出来的产物。亲爱的青少年朋友，欲望就像火焰，它可以熔化整个世界；欲望就像火箭，它能够把你快速送达目的地；欲望就像装在体内的发动机，让你的梦想装满油——全速起飞！

# 3. 梦想离我们并不远

很难说什么是办不到的事情，因为昨天的梦想可以是今天的希望，并且还可以成为明天的现实。

——罗伯特

梦想不是随便说出来的，不是凭空想象的，更不是虚幻的。梦想，是追求人生更高境界的一种动力，是为了明天的希望而奋斗的一个目标。你的梦想可以无限的大，也可以对于暂时的你来说，是遥不可及的。它是否虚幻，都取决于人们怎样去看待，怎样去理智地拥有。正如罗伯特所说，昨天的梦想就可以是今天的希望，并且还可以成为明天的现实。

## 梦想离现实有多远

每个人都爱做梦，希望自己把太多太多的梦想寄托于自己的梦乡里去。梦醒了，梦想也就没了，儿时的人们总认为梦想是虚幻的，这一切都犹如一个个气泡，也只局限于那一个个看似漂亮的五彩的气泡。气泡徐徐地升起、消失，这美的画面在一时间呈现，是真的。可是，徐徐升起的气泡也会破灭，也会消失。

一个 10 岁的青少年因为考试不及格被老师留下了，老师给他大谈人生的梦想。这时，他问他的老师：梦想离现实有多远？他老师回答道：这是人人都想急需得到的答案。当一个人有了梦想，时刻地为这个梦想奋斗拼搏，直至梦想成真，答案就是——梦想离现实近在咫尺；当一个人有了自己伟大的梦想，却迟迟不见行动，只见大肆地吹捧梦想的辉煌场景，直至梦想破灭，答案就是——梦想离现实相差甚远。不同的人不同的梦想，有着不同的结果。这个青少年听了老师的话，明白了其中的道理，带着自己的梦想不断奋斗拼搏着。

每一个梦想的破灭是人生的一种体验，是成长路上留下的痕迹。如今的青少年，都满怀着梦想和抱负。但是，很多人却总认为自己的梦想是气泡，瞬间就会消失，与现实远隔千里。这样的想法是不对的，如今的你们需要的是要有一对挺拔的翅膀，一对能带着梦想尽情翱翔于无尽的天空的翅膀，因为只有一对有力的翅膀才能让你们飞得更高更远，离现实更近一步。

也许，年少的你们一直在努力地编织着属于自己的那个梦，有过追求，有过欣喜，有过失落，但始终都无怨无悔。有许多已经破灭了，但还有更多的梦等着你们去实现，去完成。只要坚信自己的信念，这个梦想就会永远属于你。

也许，你们会说我们一直在寻找可以让梦起飞的地方。一架飞不上天的飞机永远只是一具模型，藏在心里的梦再完美也只是虚空，我们要的是一块安静的土地，一片纯净的天空，可以种下我们的心愿，放飞我们的梦想。的确，找到梦想起飞的地方不容易，何时可以找到，今生能否找到，没有人可以给你一个确定的答案。

人一生中，活着不就为自己的那点追求在忙碌奔波吗？用我们一生的时间坚持不懈地去找，全心地去找，即使我们找不到，我们的人生也不会存有遗憾了。没有人不想不让自己的梦想飞在蓝色的天空上，飞到海和天的交界处……虽然人生中有许多梦想都不可能成为现实，但是，想象着有那样美好的一天到来，对现在所做的一切，我们也会无怨无悔。因为我们知道，没有梦想就一定不会成功。

梦不是一瞬间可以"做"出来的，是要用自己的心去慢慢编织的，是用自己的汗水去浇灌的，是用自己的毅力去支撑的。梦不是断了线的风筝，梦是实实在在地握在我们自己手心中的。梦想不是虚幻的，是属于我们自己的。

### 梦想、行动与现实

梦想是什么？是一种渴望，是一种期待。每个人都有属于自己梦想的舞台，相信自己，用行动证明自己，梦想就会靠近现实。有人曾把梦想比喻为一艘小船，用力划桨，小船才会飘动，离岸的距离才会越来越近。梦想，需要靠行动架起桥梁才可接近于现实。

有位名人说：梦想是人类生活中的一种调味剂，让灵魂不会在沙漠里被枯萎。人类因梦想而伟大。可是，梦想不是人们想象的那么遥不可及。其实，梦想与现实的距离只相隔一层纸。人类不也飞上了月球？不是也在现实当中有哥伦布环绕着地球航行了一圈？梦想的实现，离不开行动。这些伟大的梦想，之所以可以一一兑现，是因为人们抓住了它，懂得用自己的行动去征服它。

生理学和医学诺贝尔奖获得者巴雷尼，小时候因病成了残疾，其母亲受打击很大，同时也给生活带来了很大的不便。这时候的他，就梦想自己一定要考上最好的医学大学。

刚开始，孩子时的他不能从内心接受残疾这个残酷的现实。这时，坚强的母亲就时刻给他鼓励和帮助，时刻告诉他说："孩子，你是个有志气的人，妈妈相信你，希望你能用自己的双腿，在人生的道路上勇敢地走下去！"母亲的话，像铁锤一样撞击着巴雷尼的心扉，他

"哇"地一声，扑到母亲怀里大哭起来。

从那以后，巴雷尼就怀着这个梦想和妈妈的话，开始了自己的人生。对于目前的他来说，第一步就是要行动起来。每天早上，巴雷尼起来练习走路，做体操，还不忘记学习。就这样，在妈妈的帮助下，他战胜了残疾带来的不便，经受住了命运给他的严酷打击。最后，他用自己的行动和汗水换来了维也纳大学医学院的通知书。

他实现了他的梦想，他发现梦想其实离我们并不远。在以后的人生道路上，他并没有停下，而是用全部精力，致力于耳科神经学的研究。最后，终于登上了诺贝尔生理学和医学奖的领奖台。

他的故事在告诉你们什么？还处在梦想迷途中的青少年们，现实与梦想的距离，并不是简单固定的一种距离，他像一根有弹性的绳子，从这一头到另一头可远也可近。行动才会使梦想与现实的距离一点点转化为零。

生活中，梦想并不是人们想象的那么虚幻。其实，它与现实是那么近，近得只要一个动作，一丁点的积极想法，就可以决定了它们距离的遥远程度。

作为当今的青少年，一定要有自己的梦想，自己的追求。殊不知，没有梦想的人生是多么空虚，没有梦想的生活是多么地无趣，没有梦想的世界是多么空洞。梦想不是凭空地想象和勾画，是需要付诸行动和汗水的，是需要靠智慧赢取的。

# 4. 搭起生命与梦想的桥梁

人应该怎样活着？对于这个不再新鲜的话题，许多仁人志士都曾经回答得十分洪亮和铿锵有力，并且他们的答案也是出奇的一致，那就是：奋斗。歌德说过这样一句话："只有这样的人才配生活和自由，假如他每天为之而奋斗。"对于青少年来说，奋斗也是贯穿你们一生的事情，且不说是为了报效祖国之类的话，仅从自己有限的人生来讲，每个青少年就责无旁贷。

青少年正拥有着蓬勃的青春，这好比拥有资源丰富的宝藏，只要努力开掘，就能发掘无数珍宝，相反只能拥有一片荒地。正如李大钊说的："青年之文明，奋斗之文明，也与境遇奋斗，与时代奋斗，与经验奋斗。故青年者，人生之王，人生之春，人生之华也。"

### 人生就是奋斗

有人说：人生像诗、像画、像梦；有人说：人生像云、像雾、像风；也有人说：人生是信任、是理解、是忠诚……然而，人生更是探索、是进取、是奋斗。只有奋斗的人生才是真正的人生！

生活中的每个人都有自己的座右铭，有的写在纸上，有的铭刻在心中，而年轻人的座右铭应该是"永远在追求之中"，追求自己向往的理想——人生奋斗的目标。人生是有限的，如何顺利达到目标，仅仅依靠蛮干是行不通的，还得依靠一定的谋略。一个善于奋斗的人，往往把奋斗途径规划放在首位，选择好则事半功倍，选择不好则事倍功半。其实，无论是咿咿呀呀学语，还是上学求知，无不留下了我们奋斗的足迹。生病的时候，我们得与疾病作斗争，健康的时候，我们得为生存、为前途奋斗。这是摆在我们每个人的面前无可回避的问题。

作家海伦·凯勒，一位自强不息的伟大女性。在她 19 个月大的时候，一场突如其来的怪病，改变了她的一生。病愈后，她失去了听力和视力，由于当时还太小，所以开口说话的能力也渐渐消退。人们实在无法想象，这样一个集聋、哑、瞎于一身的女孩，如何来面对她以后的人生。然而，海伦·凯勒却用她的自强不息给全世界的人们都上了生动的一课。在她和蔼可亲的家庭教师——安利·沙利文的耐心指导和教育下，克服了常人难以想象的重重困难，不仅学会了说话和写作，与人沟通和交流，还渐渐有了自己对人生的理解，最终在世界名校美国拉德克利夫学院毕业。在医学的年鉴上，海伦是第一个学会语言交流的盲聋哑儿童。

长大后的海伦开始致力于盲人的教育工作，她一生创作了大量作品，共有十四部著作，处女座《我的生活》一经发表便在美国引起了巨大轰动，甚至被称为"世界文学史上无与伦比的杰作"。*1959* 年，联合国还专门设立了"海伦·凯勒国际奖"，*1964* 年，又为她颁发"美国总统自由奖章"这一殊荣。海伦用她的实际行动向全世界人民证明了她的成功，赢得了所有人的尊敬。

海伦·凯勒一生都在奋斗着，她要让自己的人生活得有价值、有意义。当前青少年的学习就是一种奋斗，为将来事业的兴盛奠定基础的奋斗。青少年要想取得成绩，就必须努力奋斗，要有"读万卷书，行万里路"的奋斗思想。而成功与失败总是如影随行的，成功是在历经无数失败后才获得的。

西谚里说过："年轻的本钱，就是有时间去失败第二次"。青少年拥有了人生最大本钱，有何理由不去奋斗呢？对你们来说，人生才刚刚起步，而敢打敢拼才是最佳的选择。相反，如果一个人终日无所事事，不去奋斗，没有追求，就会停滞不前，而人类社会的长河总是滚滚向前奔腾着，正所谓逆水行舟不进则退，不去奋斗的人势必会落后于时代，会遭到社会的淘汰。

"人生就是奋斗"，虽然不是每一个人都会成功，但只要努力奋斗过，不论成功与否，我们的人生就是无憾的人生。

**敢于奋斗，更要善于奋斗**

理想，是人才成长的灯塔；立志，是人才成长的阶梯；奋斗，是人才成长的道路。生命有着起点，奋斗有着开端；生命有着尽头，奋斗没有终点。劈开荆棘蒺藜，无视艰难险阻，永不停息，勇往直前！目标一旦确立，就应该为之奋斗不息，而不是知足常乐，知足就是止步不进，就是自甘落后。

作为一个敢于奋斗的人，首先要学会独立，不要任何事情都指望别人给你扶持和施舍，那是懦弱和无能的表现。

吴言12岁的时候，第一次去9公里以外的一所中学读书。除去沿途崎岖不平的山路不说，仅这9公里的距离就让父母放心不下。因此父母准备送孩子去学校，可在临走前，70多岁的爷爷一脸严肃地说："言言都这么大了，现在还不学会独立、自己奋斗，那他以后的人生路你们是不是也要替他走了？"吴言听了这句话非常气愤，于是一堵气就独自去了学校……随着吴言一天天长大，学校与家的距离也越来越远，他渐渐明白了爷爷的良苦用心。所以，不论背井离乡的日子多么艰辛，也不论学习多么困难，他都把爷爷说的"人生要自己去奋斗"铭记在心，直到最后成为村子里第四个大学生，在独立的天空恣意挥洒人生。

敢于奋斗的人绝不是死打硬闯。尽管人们平时讲奋斗需要一股拼劲，但有时候还得灵活变通。就像两只爬墙的蚂蚁，第一只选择了一堵坡度很大的墙面，结果它总是爬到一半的时候就掉下来，最终只能面对着墙自发遗憾了；而另一只蚂蚁则选择了一堵坡度较小的墙面，虽说离目的地有点远，却顺利爬了上去。现实生活也是一样，在选择自己奋斗方式时，要仔细分析自己的优势和劣势，根据自己的实际情况选择最佳的奋斗途径。

"人生就是奋斗"，这句话既带有总结，又带有激励。在漫长而又短暂的人生路上，不能懒散，不能随波逐流，必须永不停歇地奋勇前行。只要不断去拼搏，总有一天会成功的，即使没有达到理想的目标，你也是成功的。诗人汪国真曾说过："也许你永远达不到那个目标，但因为这一路风风雨雨，使你的人生变得灿烂无比，变得充实无比。"因此，每个立志成才的人必须脚踏实地、一步一个脚印地艰苦奋斗。理想属于明天，现实属于今天，开辟一条到理想境界的道路，要靠辛勤劳动、艰苦奋斗，是使事业获得成功的一条普遍规律。

"不经历风雨，怎能见彩虹"，这句歌词唱出了人生的真谛。作为一个敢于奋斗的人，还要学会迎接任何挫折和失败，并善于从失败中吸取教训继续前进，做到"吃一堑、长一智"。没有谁的一生会是一帆风顺的，每个人都难免会遇到一些暴风雨，这时就要学会在困难面前披荆斩棘，通过不断地磨难，人才会愈加坚强。

青少年朋友们，青春属于你，激情属于你，你拥有明天，但是明天如此的短暂，短暂到百年弹指，人生如梦，过眼云烟，若要此生不虚度，何以？惟奋斗使然。人在少年时期，除了受父母的保护，师友的指导外，就得与寒暑奋斗，与疾病奋斗，若家境贫寒，就得与生活奋斗。不在于时间上的多少，只在于你付出多少激情。一分钟不算少，只要时刻保持激情的火焰，你的奋斗就得到了升华。奋斗永无止境！奋斗是所有中学生应有的品质！

# 5. 有梦想离成功更近一步

我宁可做人类中有梦想和有完成梦想的愿望的最渺小的人，不愿做一个最伟大却没有梦想和愿望的人。

——纪伯伦

每个人都有很多的梦想，甚至是幻想，这并不是不好。懂得幻想、梦想的人，是成功的开始，是一个人有所作为的开始。作为新世纪的青少年，拥有梦想是你们人生跑道上的助推器，是走向成功的开始。正所谓有梦想才有作为。

### 有梦想才会成功

青春期，是青少年们接受新事物的最佳时期，也是你们渴望成功的冲动时期。梦想对于你们而言，似乎是遥远的，又似乎近在眼前。因为，心中的那个梦想一直是你们奋斗的"加速器"。

成功，每个人都想达到，同时也是每个人心中最崇高的梦想。古今中外，无人不在时时刻刻做着成功的梦想。学子梦想着取得优异的学习成绩；贫民梦想着有一天过上富裕的小资生活……有了这种想法，敢于去想，才是勇者。生活中，还存在着许多不知什么是梦想的人，这样的人更可悲，与成功可以说是遥遥相望。没有想法，没有动力，何来灿烂的人生，惬意的生活？

美国著名影星施瓦辛格曾用自己亲身的经历，向清华学子"面对面"谈自己的梦想，并说明梦想的重要性。小时候，体弱多病的他，梦想自己可以成为世界级举重冠军，听起来也许很可笑，但是他做到了。最初，他常受到一些人的嘲讽和质疑，可他在练后铸就了一副强壮的身板，并实现了自己的梦想。而在随后的从影、从政过程中，外界的质疑也从未中断过，可他没有动摇，最后还是将梦想一个个地变成了现实。

最后，施瓦辛格深有感触地对清华学子说到："不管你是否受过短暂的挫折和失败，只要你坚持自己的梦想，就一定会成功！"

确实如此，有梦想才会成功，天上永远不会掉馅饼，只有自己奋斗，才能得到又大又香的馅饼。在现实生活中，人们总是说，很多事情是想起来容易做起来难，最终能够获得成功的人成了凤毛麟角。的确，脑子中那些梦想不是说出来就成功了，而是需要靠科学的方法、自信、坚持、耐心、坚韧不拔、纪律、诚信、勤劳等因素来实现的。要想把自己的梦想转化为现实，转化为成功，并不是那么容易的。

现在，很多青少年在自己的梦想和理想面前，总是显得那么迷茫。尤其是，当经过了很多努力的时候，依然还没看到成功的希望，那时你们的思维不免总是深陷在疑惑的沼泽中：我能成功吗？什么时候可以成功？在这一连串疑问的后面，紧跟着的是怀疑和松懈。于是，放弃的心思，就如小草一样在原本不算肥沃的心田吞噬着仅存的养分；于是，你们便随波逐流，随遇而安。殊不知，哀莫大如心死。当梦想的火炬熄灭、激越的心灵被蒙上厚厚的尘灰的时候，成功，也就真的永永远远地离你们而去了。这时候，更无须谈什么成功了，只有空虚和哀叹。

其实，成功离我们并不遥远，只不过有了梦想的你，离成功更近一步，甚至是近在咫尺，伸手可及。但是，放弃了梦想，就等于是放弃了全部，包括人生。青少年，请你们永远也别放弃对成功梦想的追求！梦想是心灵的翅膀。没有翅膀的心灵是孤寂的。只有梦想才能把我们从平庸的生活中解救出来，去接近神圣。上天给了我们情感，我们要心怀希望，感受欢乐。我们为希望而生，我们为梦想而活！

**有梦想才有作为，做最好的自己**

梦想，是人们在奋斗的道路上编织的美梦。有了这个美梦，人们才可以做最好的自己。因为他们有了方向，有了目标，知道自己该干什么，下一步又该做什么。

一个没有梦想的人，无须谈什么人生的奋斗，人生的追求，更不要说什么成功；一个时刻编织着自己美梦的人，他的人生是灿烂的，是辉煌的，是时刻散发出光芒的，可以说，他已经拥有了一半的成功机会。

有一条小毛虫，在一个晚上做了一个梦，梦见自己爬到了一个山顶上，在那里看到了整个世界。早上，太阳升起的时候，小毛虫朝着那个方向缓慢地爬行着。

一路上，它遇到了蜘蛛、鼹鼠、青蛙和花朵，它们都用着同样的口吻劝小毛虫放弃这个打算。但小毛虫带着这个梦想，怀着这个信念，始终坚持着向前爬行……终于，小毛虫筋疲力尽，累得快要支持不住了。于是，它决定停下来休息，并用自己仅有的一点力气建成一个休息的小窝——蛹。

最后，小毛虫"死"了。所有的动物都来瞻仰小毛虫的遗体，突然，大家惊奇地看到，小毛虫贝壳状的蛹开始绽裂，一只美丽的蝴蝶出现在他们面前。美丽的蝴蝶翩翩飞到了大山顶上，重生的小毛虫终于实现了自己的梦想……

这个美丽感人的传说，在向人们诉说一个人生哲理：人活在世界上，不能没有梦想，没有梦想的人生是空白的；为了自己的那个梦想，就要付出比常人更艰辛的努力，这样的人生才完美。

我国著名的文学大师林语堂，说："梦想无论怎样模糊，总潜伏在我们心底，使我们的心境永远得不到宁静，直到这些梦想成为事实为止。"他把梦想和行动看作了是实现人生价值的阶梯。正所谓人们常说的，有梦想才能有作为，有行动才能有成功。

每个人都有自己人生，无论是贫穷的，或是显赫的；无论是幸福的，或是凄苦的。在这段生命的历程中，惟一相同的就是每个人都怀着对未来的美好憧憬，对人生理想的追求和向往。青少年们，为了你们的梦想，开始行动吧！

## 6. 不断进取并实现梦想价值

"当你消沉时，世界与你一起消沉不振；当你积极进取时，你只能孤军奋斗！"

进取心，是一种神秘的牵引力。它会牵引着我们向着目标不断努力，它不允许我们懈怠，它让我们永不停步，每当我们达到一个高度，它就会召唤我们向更高的境界努力。

拥有进取之心的人，无论承受着怎样的任务，他都会竭力地把它做得尽善尽美；拥有进取之心的人，无论从事着什么样的工作，他都会要求自己要力争一流，不甘落后；拥有进取之心的人，无论面临着怎样的现状处境，他都会尽力地让自己的明天比今天好。

### 相信自己的价值，不断进取

人的一生都有过这样或者那样的追求，之所以追求，从某种意义上讲，是你相信自己的价值，不满足现状，不断进取，不断追求的动力也源于对现状的不满。当某一追求得以实现时，会感到一种快乐和欣慰，一种满足感和成就感油然而生！这就是人，这就是人生的追求！一个轮回，从起点跑到终点，又从终点想到起点。人的一生，也许就在不断地追求着一个个追求，又从一个个满足到一个个不满足中度过。

相信自己的价值，生命的价值首先取决于你自己的态度。这是一种心态的问题。

在一次讨论会上，一位著名的演说家没讲一句开场白，手里却高举着一张 20 美元的钞票。面对会议室里的 200 个人，他问："谁要这 20 美元？"一只只手举了起来。他接着说："我打算把这 20 美元送给你们中的一位，但在这之前，请准许我做一件事。"他说着将钞票揉成一团，然后问："谁还要？"仍有人举起手来。他又说："那么，假如我这样做又会怎么样呢？"他把钞票扔到地上，又踏上一只脚，并且用脚碾它。然后他拾起钞票，钞票已变得又脏又皱。"现在谁还要？"还是有人举起手来。"朋友们，你们已经上了一堂很有意义的课。无论我如何对待那张钞票，你们还是想要它，因为它并没贬值，它依旧值 20 美元。人生路上，我们会无数次被自己的决定或碰到的逆境击倒、欺凌甚至碾得粉身碎骨，我们觉得自己似乎一文不值。但无论发生什么，或将要发生什么，在上帝的眼中，你们永远不会丧失价值。在他看来，肮脏或洁净、衣着齐整或不齐整，你们依然是无价之宝。生命的价值不依赖我们的所作所为，也不仰仗我们结交的人物，而是取决于我们本身！你们是独特的——永远不要忘记这一点！"

一直深深欣赏鲁迅先生说过的一句话："不满是向上的车轮"。对，没错，如果全世界的人都安于现状，满足于现状，社会还会发展吗？时代还会前进吗？拿破仑·希尔还告诉我们，要不安于现状，怀着一颗进取之心去创造生活，规划未来，它是一种极为难得的美德，能驱使一个人在不被吩咐应该去做什么事之前，就能主动地去做应该做的事。俗话说：知不足而上进么。只有相信自己有所用处，才能体现价值所在，但是千万不要满足于这种现状，要积极进取，奋发图强，力争上游。

昨天不等于今天，过去不等于未来。生活在美丽非洲草原的羚羊和狮子，两者相比之下，弱者羚羊，为了生存别无选择，只有面对现实，勇于挑战、用心挑战，才能超越自我、获取食物、战胜对手、不断进步，才能在美丽的非洲大草原上天长地久。

青少年朋友们，要相信自己的价值，不要满足于目前的现象，人生的价值在于不断进取，不断追求完美。

### 激发生命的潜能，不断进取

生命在成长的过程中，会因一些创伤性的经验而造成内在的扭曲和恐惧，造成种种问题的未了情。完形治疗则在于将未完成事件揭示出来，以期为生命找到独一无二的意义感和方向感。

每一个人都想找到自己，每一个人都想发现自己，每一个人都想成为一个完整的自我。这就是完形，这就是人类至高无上的心灵潜能：成为一个完整的人！完形心理学的价值就在于肯定了人类的这种潜能。

一位农夫在粮仓面前注视着一辆轻型卡车快速的开过他的土地。他的14岁的儿子正在开着这辆车由于年纪还小，他还不允许考驾驶执照，但是他对汽车很着迷，似乎已经能够操作一辆车子，因此农夫准许他在农场里开这辆客货两用车，但是不准上外面的路。但是突然间，农夫眼看着汽车翻到水沟里去，他大为惊慌，急忙跑到出事地点。他看到沟里有水，而他的儿子被压在车子下面，躺在那里，只有头的一部分露出水面。根据报纸上所说，这位农夫并不很高大，他只有170公分高，70公斤重，但是他毫不犹豫的跳进水沟，把双手伸到车下，把车子抬了起来。足以让另一位跑来援助的工人把那失去知觉的孩子从下面拽出来。当地医生很快赶来了，给孩子检查一遍，只有一点皮肉伤，其他毫无损伤。这个时候，农夫却开始觉得奇怪起来了。刚才去抬车子的时候根本来不及想一下自己是否抬得动，由于好奇他就再试了一下，结果根本就动不了那辆车子。

由此可见，一个人通常都存有极大的潜在体力，这一类的事还告诉我们另一项重要的事实，农夫在紧张情况时产生一种超长的力量，并不只是身体的反应，他还涉及到心志的精神的力量，当他看到自己的儿子快要淹死的时候，他的心智反应是救自己的儿子，一心要把压在儿子身上的卡车抬起来。而再没有其他的想法，可以说是精神上的肾上腺引发出潜在的力量，据专家认定，潜意识的力量是有意识力量的三万倍。科学家发现，人类贮存在脑内的能量大得惊人。人平常只发挥了极小的大脑功能，要是能够发挥一大半的大脑功能。一点也不夸张。那么可以轻易学会 40 种语言、背诵整本百科全书，拿 12 个博士学位……

　　人的生命力是顽强而巨大的，即使某些表象的东西不复存在，可其本质永远也不会泯灭，其内里隐藏着无限的潜能，只是处于一种"休眠"状态，一旦受到某些刺激或遭遇某些挫折或遇到适当的时机，它就会被惊醒，释放出不可抗拒的能量，彰显和光大生命的辉煌。

　　其实，我们每个人的生命之中都蕴藏着一定的潜能，只是有时我们没有去挖掘它，放弃了对它的利用，才使我们生命的潜能无法得到释放。因此，我们要充分挖掘和利用生命中的潜能，为我们的生命增添靓丽的光彩。

# 第一节 最佳心态

## 1. 感恩心态是生命的真谛

英国作家萨克雷说过："生活就是一面镜子，你笑，它也笑；你哭他也哭。"送人玫瑰，手有余香。无论生活还是生命，都需要感恩。你感恩圣火，圣火将赐予你灿烂阳光。你怨天尤人，最终可能一无所有。

常怀感恩之心，就是对世间所有人所有事物给予自己的帮助表示感激，并铭记在心。只要我们常怀感恩之心，相信你会有所收获。青少年在以后的成长道路上，要常怀感恩之心，才能读懂生命的真谛。

**懂得感恩，内心充实**

"谁言寸草心，报得三春晖"。父母给了我们生命，我们对父母要常怀感恩之心，是他们让我们来到了这个充满色彩的世界，让我们看到了世界的真善美。从早上起来的一碗热腾腾的牛奶，到一年四季被子床单的换洗，我们应该心存感激，应该感谢上天给了自己那么好的父母，感谢父母给了自己健康的身体和一个完整的家。

老师给了我们知识，我们对老师要常怀感恩之心。是老师帮我们开启了知识的大门，是老师让我们懂得了在生活中如何对于别人的帮助去说一声"谢谢"，是老师让我们明白了受到别人的恩惠，当涌泉相报，是老师从青丝到白头在三尺讲台上教书育人，他们最大的心愿就是学生个个有出息。学生能常怀感恩之心就有用不尽的学习动力。

朋友给了我们友谊，我们对朋友要常怀感恩之心。朋友能与你患难与共，在你最困难的时候，朋友能千方百计帮你，给你"打气"给你信心，助你跨过学习上各种各样的障碍物。让你刻骨铭心地觉得，朋友的情谊终生难忘。

只有知道了感恩，内心才会更充实，头脑才会更理智，眼界才会更开阔，人生才会赢得更多的幸福。懂得感恩的人，是勤奋而有良知的人，懂得感恩的人，是聪明而有作为的人。

有这样一个有趣的故事：有一次，罗斯福总统家被盗，偷去了不少东西，朋友们纷纷写信安慰他，罗斯福却说："我得感谢上帝，因为贼偷去的是我的东西，而没有伤害我的生命；贼只偷去我的部分东西，而不是全部；最值得庆幸的是，做贼的是他而不是我。"谁会想到，一件不幸的事，罗斯福却找到了三条感恩的理由。这个故事，可以说将感恩的美丽展示得淋漓尽致了。

感恩是积极向上的思考和谦卑的态度，它是自发性的行为。一颗感恩的心，就是一个和平的种子，因为感恩不是简单的报恩，它是一种责任、自立、自尊和追求一种阳光人生的精神境界！感恩是一种处世哲学，感恩是一种生活智慧，感恩更是学会做人，成就阳光人生的支点。从成长的角度来看，心理学家们普遍认同这样一个规律：心的改变，态度就跟着改变；态度的改变，习惯就跟着改变；习惯的改变，性格就跟着改变；性格的改变，人生就跟着改变，愿感恩的心改变我们的态度，愿诚恳的态度带动我们的习惯，愿良好的习惯升华我们的性格，愿健康的性格收获我们美丽的人生！

**常怀感恩之心，让生命更精彩**

常怀感恩之心，是人类情感中至真至纯的芬芳美酒；常怀感恩之心，无论你贫穷还是富有，无论你顺境还是逆境，无论你成功还是失败；常怀感恩之心，在你闪烁着感激的泪光中，花儿般灿烂怒放的将是一个春光荡漾的美妙世界！

当你口渴时，爸爸给你递上一杯水，你是否感谢过他呢，当你烦恼时，向妈妈倾诉自己的苦恼，妈妈耐心的听完并教导你，你又是否感激过她呢？常怀着感恩的心，能够更加接收到的关怀与帮助，摆脱贫苦和痛苦，从而快乐的生活。一位作家曾说过：我们满怀感恩之情，不仅仅是索取，而且，必须给予，用给予来表达我们的感激之情，是的，大自然是不断循环和流畅的，你给予的越多，你获得的越多，不是吗？只要你付出了，就会有收获，给予收获的规律就这么简单：想要获得快乐，你就必须给予快乐；想要获得爱，你就必须给予爱；想要获取财富，你就必须给予财富。

不要总记着生活给你开的某个玩笑，不要总想着这个社会如何待你刻薄。如果你总觉得不满足、亏得慌，心怀怨恨不满，你就会愈加变得小肚鸡肠、牢骚满腹，你就会对生活失去信心，还会失去健康，以致孤苦伶仃，憔悴不堪，那么快乐和幸福只有永远与你行进在不同的平行线上。

只要我们常怀感恩之心，人生没有什么不幸会永恒得让人永久地淹没在痛苦的海洋里。世间的纷争，生活的烦恼，永远也不会屏蔽我们心中发出的淡泊而宁静的妙音。

亲爱的青少年朋友，常怀一颗感恩之心，让宽容与你我同行，我们应该乐观地对待生命，宽容的善待一切。对于你周围的朋友、同学，说声谢谢，会让他们感到快乐；对你熟的人说声谢谢，他们会有种付出得到肯定的满足；对陌生人说声谢谢，会拉近彼此之间的距离。"命运"，不足以阻挡你的前程，只要你能正视困难，化困难为力量，成功后蓦然回首，你就会感谢困难，感谢困苦，感谢贫穷！因为它们才是你的恩人。常怀感恩之心，能让自己的心情更加舒畅。常怀感恩之心，能让我们摆脱贫穷与痛苦。常怀感恩之心，你就会发现，原来一切都是那么美好。

## 2. 执著心态可以滴水穿石

执著会有什么结果呢？大概也就两种吧：一种是得到你所想要的，欣然而归，倍感快活。另一种是什么也没得到，浪费了时间，精力和情感。

这两种没有好坏之分，要看个人心态。如果你是个在意结果大于过程的人，那第一种最好了。如果你是个对结果看的很淡的人，那么你也会很坦然的对待。

很多青少年都知道滴水石穿的故事，就意在告诉青少年朋友们，只要坚持、执著，没有完不成的事情，没有实现不了的梦想。

**一点一滴，滴水穿石**

现在的青少年做什么事情，都是漫无目的的，而且三心二意。更可怕的是，对什么事情都是"三分钟"热度，没有善始善终地把它完成过，继而产生烦躁的心理，这样下去将会影响你们的人生发展。

我国古代的思想家老子所著的《道德经》揭示出这样一个深刻的辩证法思想："合抱之木，生于毫末；九层之台，起于累土；千里之行，始于足下"，这种辩证的思维，至今对于我们仍有启迪。他告诉我们：任何事情都是从微小处萌芽，都是从头开始的，只有知难而进，不断地努力才能获得成功。

彼得和罗威尔一同去找工作。

有一天，当两个人在大街上正在走的时候，同时发现地上有一枚硬币，彼得看也不看就走了过去，罗威尔却激动的将它捡了起来。这时，彼得对罗威尔的举动露出鄙夷之色；连一枚硬币也捡，真没出息！

罗威尔望着远去的彼得心中感慨：让钱从身边白白的溜走，真不应该！

后来，两个人同时进了一家公司。公司很小，工作很累，工资也低，彼得不屑一顾的走了，而罗维尔却高兴的留了下来。两年后，两个人又在街上相遇，罗威尔已成了一位小老板，而彼得还在寻找工作。彼得对此无法理解："你怎么能如此快的发财了呢？"罗威尔说："因为我不会像你那样绅士般的从一枚硬币上走过去，我会珍惜每一分钱，而你连一枚硬币都不要，怎么会发财呢？"

这个例子中，意在告诉青少年金钱的积累是从"每一枚硬币"开始的，而大家奋斗的目标也应从一点一滴的积累开始。如果没有这种心态，就不能达到自己所期望的目标；如果追求过高的目标，结果往往是浪费时间了，还影响自己的心情。

因此，大家要学会积累，善于积累，不要操之过急。一定要从一点一滴做起，着急不起丝毫作用。正确的做法是保持一颗"平常心"，这样才能积极而有稳步持久地发展。

然而，积累并不是一朝一夕能完成的。它是一项长期而又费力的工作。学会积累有利于我们交际、学习和工作。你积累的知识多了，与人谈论时就有了话题；你积累的知识多了，在学习中就有了头绪；你积累的知识多了，在工作中就可以事半功倍、得心应手。这样，会使你越来越有自信。成功的桂冠，正等着你。可见，积累与我们的生活息息相关、密不可分。反之，如果你不去积累，做任何事只会徒增自卑感，慢慢失去信心，萎靡不振，最后一事无成。

**有了执著心态，还有要专注**

专注能够创造奇迹，专注有点石成金、化腐朽为神奇的力量。专注是指一个人的注意力高度集中于某一事物的能力，注意力的集中与否直接关系到青少年的学业好坏和他以后的事业成功与否。

古人云："欲多则心散，心散而志衰，志衰则思不达。"是啊，人的精力毕竟是有限的，往往穷尽全力，也难以掘得真金。所以，人们要专注于一件事情，而不要求多。对于青少年来说，更尤为重要，应该成为学习、生活中的必修课，时时专注。

杜邦公司创始人伊雷尔，身材不高、相貌平平，对于学习和工作有股近于痴迷的专注劲儿。小时候在法国，家境还很宽裕的时候，他受拉瓦锡的影响，对化学着了迷，对"肥料爆炸"的事尤其感兴趣。拉瓦锡喜欢这个安安静静的孩子，把他带到自己主管的皇家火药厂玩，教他配制当时世界上质量最好的火药。若干年后，他们全家人逃脱法国大革命的血雨腥风，漂洋过海到美国。他的父亲在新大陆上尝试过七种商业计划——倒卖土地、货运、走私黄金……全都失败了。年轻的伊雷尔开始苦苦思索着振兴家业的良策，他认识到，战乱期间，世界上最需要的就是火药，并立志凭借以前的知识积累成为美国最好的火药商。后来，他就靠着这股专注劲儿，克服了许多困难，把火药厂办了起来，成就了举世闻名的杜邦公司。

坚持就是力量。人们都会信任一个坚忍不拔、意志坚定的人。不管他做什么事情，还没有做到一半，人们就知道他一定会赢。因为每一个人都知道，他一定会善始善终。人们知道他是一个把前进路上的绊脚石作为自己上升阶梯的人，是一个从不惧怕失败的人，是一个从不惧怕批评的人，是一个永远坚持目标，永不偏航，无论面对什么样的狂风暴雨都镇定自若的人。

难也专注，成也专注。在世事喧腾、红尘滚滚中静下心来，专注于某一个工作，不受其他欲望诱惑的摆布，这是一件非常艰难的事，意味着有可能放弃很多机会，意味着遭遇困难不能退缩，但是只能这样才能成就于某一天地。无论做任何事，如何心无旁骛地完成自己已锁定的目标，才是当务之急。

对于那些"身在曹营心在汉"的青少年，要敲起警钟，课堂上想着网络游戏、小说，不知道自己的梦想，这些现象是可怕的。在学习中，连最基本的"专注"都做不到，何谈梦想、成功？

# 3. 包容心态会让心胸开阔

人们常说，陆地上最广阔的是海洋，比海洋还广阔的是天空，比天空更广阔的是人的胸怀。人活着，聪明也好，愚蠢也罢；有才也好，无才也罢；重要的是要有一颗"包容心"。有了包容，人生自然就会多出许多快乐。正如一位叫苏畅斌的作家说，一个人的成就决不会超过他的心理宽度！因此，我们必须牢记：一个人的心有多大，他的舞台就会有多大！我们在这个复杂的社会上要想获得更多的智慧、更大的成功，有一个最基本的品质，那就是包容心。

## 包容是一种人生态度

包容是人类的美德，是人类最为宝贵的品质。包容是文明的标志、文明的成果，也是文明的成因。有一颗包容世间万物的心是美好心态的表现，也是每个人最需要加强的修养之一。乐观、上进、包容是分不开的。眉间放一个"容"，不但自己轻松自在，别人也会跟着舒服自然。因此，青少年在人生的舞台上，应怀着包容的心态，茁壮成长。

美国第二任总统亚当斯与第三任总统杰佛逊从恶交到包容，就是包容的一个生动而又成功的例子。杰佛逊在就任前夕，到白宫去告诉亚当斯，说他希望针锋相对的竞选活动并没有破坏他们之间的友情，在杰佛逊未来得及开口时，亚当斯便咆哮起来，"是你把我赶走的!"二人的友情自此破裂，中止交往达 11 年之久。直到后来杰佛逊的几个邻居探访亚当斯时，这个坚强的老人仍在诉说那件难堪的往事，但接着冲口而说出："我一向喜欢杰佛逊，现在仍然喜欢他。"邻居把这话传给了杰佛逊。杰佛逊也不计前嫌，他主动请了一位彼此皆熟的朋友传话，让亚当斯也知道了他的心里话。后来亚当斯回了一封信给他，两人从此开始了书信往来。也正是因为彼此有一颗包容的心。

包容是坚强的表现，而不是软弱。包容是以退为进、积极地防御。包容所体现出来的退让是有目的、有计划的，主动权掌握在自己的手中。无奈和迫不得已不能算包容。包容的最高境界是对众生的怜悯。

包容就是在别人和自己意见不一致时也不要勉强对方同意自己的意见。从心理学角度，任何的想法都有其来由的。任何的动机都有一定的诱因。了解对方想法的根源，找到对方意见提出的基础，提出的方案也更能够契合对方的心理而得到接受。消除阻碍和对抗是提高效率的惟一方法。每个人都有自己对人生的看法和体会，我们要尊重他们的意见和体会，积极汲取之间的精华，做好放弃。

学会包容别人，就是学会善待自己。怨恨只能永远让我们的心灵生活在黑暗之中;而包容,却能让我们的心灵获得自由,获得解放;学会包容,拥有一颗包容之心,这不仅是人生的一种态度,更能让你自主地驾驭大脑生命中枢,在风雨人生的历练中不断的超越自我,变得更加强大!

"不积跬步，无以至千里;不积小流，无以成大海。"宇宙之所以广阔，是因为它能包容璀璨繁星;地球之所以神奇，是因为它能包容寄居在它身上的物种;人类之所以伟大，是因为有一颗包容的心。

### 修炼包容心，做胸襟开阔的人

人生在世，难免经历一些风风雨雨、坎坎坷坷，怎样活得痛快，活得潇洒，也是每个人必须面临的一个问题。其实，只要有一颗包容的心，许多问题和困难就会迎刃而解了。

大海因为包容了条条溪流而广阔无边，高山因为包容了石子泥土而雄伟博大。生活的空间，说大就大，说小也小，就看一个人包容的胸怀大小了。

周作人平时行事总是一团和气，以德待人，他是以态度温和著名的。相貌上周作人中等身材，穿着长袍，脸稍微圆，一副慈眉善目的样子。他对于来访者也是一律不拒，客气接待，与来客对坐在椅子上，不忙不迫，细声微笑地说话，几乎没有人见过他横眉竖目，高声呵斥，尽管有些事情足可把普通人的鼻子都气歪。据说有段时期，他家有个下人，负责里外采购什么的。此人手脚不太干净，常常揩油。当时用钱，要把银元换成铜币，时价是 1 银元换 460 铜币。一次周作人与同事聊天谈及，坚持认为时价是 200 多，并说他的家人一向就这样与他兑换的。众人于是笑说他受了骗。他回家一调查，不仅如此，他还把整包大米也偷走了。他没有办法，把下人请来，委婉和气地说："因为家道不济，没有许多事做，希望你高就吧。"不知下人怎么个想法，忽然跪倒，求饶的话还没出口，周作人大惊，赶紧上前扶起，说："刚才的话算没说，不要在意。"

后来，他在政府作了高官，他过去的一个学生穷得没办法，找他帮忙谋个职业。一次去问他，恰逢他屋里有客，门房便挡了驾。学生疑惑周作人在回避推托，气不打一处来，便站在门口耍起泼来，张口大骂，声音高得足以让里屋也听得清清楚楚。谁也没想到，过了三五天，那位学生得以上任了。有人问周作人，他这样大骂你，你反用他是何道理，周作人说，到别人门口骂人，这是多么难的事，可见他境况确实不好，太值得同情了。

正是因为他的包容心，胸襟开阔，为他赢得了不尽的声誉，也为中华民族造就了无数名士。为青年人养成宽容忍让的良好习惯树立了榜样。

胸襟开阔是也是包容的一个重要表现。恢宏大度，胸无芥蒂，肚大能容，吐纳百川。飞短流长怎么样，黑云压城又怎么样，心中自有一束不灭的阳光。以风清月明的态度，从从容容地对待一切，待到廓清云雾，必定是柳暗花明的全新世界。相信天空是宽广的，走过去，前面便是一个蓝天。豁达的人，心大、心宽。我们要按生活本来的面目看生活，而不是按照自己的意愿看生活。风和日丽，你要欣赏；光怪陆离，你也要品尝，这才自然。你就不会有太多牢骚和太多的不平。只有用这种包容的心态去对待这一切人或事，那么你的心胸才会随之宽广起来，你的人也才会变得豁达起来，也会慢慢走向成功。

所以，青少年朋友们，怀着包容心态，做一个胸襟开阔的人，来享受人生，美化人生，来滋润心灵的花园。

# 4. 诚信心态使你立足于世

有人说："如果你失去了金钱，你只失去了小半，如果你失去了健康，那么你就失去了一半，如果你失去了诚信，那么你就一贫如洗。"诚信是民族的美德；诚信是企业的资本；诚信是交际的准则；诚信是人生的通行证。青少年朋友一定要握好人生的这张通行证，拥有了它，你才能在以后的人生路途中畅通无阻。

### 诚实是一切美德的基石

古往今来，"诚实"便是英雄们惺惺相惜，成就大业的根本。无论儒法，还是老庄，"诚实"总是作为君子最重要的美德出现的。古书上处处写着君王以诚治国，诸侯以诚得士的故事。信陵君正因诚实得到侯君，抗秦救赵，名扬四海，刘皇叔正因诚信打动了诸葛孔明，三分天下，成就霸业。而梁山上，那些英雄好汉，一诺千金，为诚实两肋插刀的豪情，更被写进了才子名著，感动着千百万读书人。诚实是基石，诚实是资源，诚实更是迈向成功的阶梯。

诚实可以给青少年创造良好的内在心境；诚信可以使一个人心胸坦荡，仰不愧天，俯不愧地，可以使一个人精神饱满，如沐春风。此外，大家都诚实，就能形成社会的良好环境和良好的世风，从而为茁壮成长的青少年创造条件，形成一种良性的互动。

门德尔松是德国作曲家，1829 年，他 20 岁时，第一次出国演奏，一时轰动了英国。英国女皇维多利亚在白金汉宫为门德尔松举行了盛大的招待会。女皇特别欣赏他的《伊塔尔慈》曲，对他说，单凭这一支曲子，就可以证明你是个天才。门德尔松听了以后，脸红得像紫葡萄一样，局促不安地连忙告诉女皇说，这支曲子不是他作的，而是他妹妹作的。本来，门德尔松是可以将这件事隐瞒过去的，但他在荣誉面前并不想夺人之美。他觉得诚实是一个人应有的品质。

这样的事例很多，但能像门德尔松那样有勇气站出来澄清的却很少。有时，一个人的品格就反映在一句话中。

一个诚实的人首先是一个诚实待己的人，一个敢于面对自我真实面目的人。这样的人能全面客观的审视自我，既不妄自尊大、自欺欺人，也不妄自菲薄、自我贬低。俗话说"知己知彼，百战不殆"。对自己的情况了然于心，就已经成功了一半。因为只有那些全面把握自己优点和缺点的人，才能真正了解自我成功的可能性和局限性，既不会因为他人的赞誉或阿谀奉承忘乎所以，也不会因为别人的否定或自己的一次失败就气馁。这样的人往往会在别人惊奇的目光中从小成功走向大成功。这就是诚实所具有的特殊人格力量。

**诚信是一个人无形的"名片"**

诚信，诚实又要守信。守信是人格确立的重要途径，也是人与人之间交往得以继续的前提。没有人愿意与不讲信用的人交往，只要欺骗别人一次，就永远失去了别人的信任，更谈不上别人对你的重用。当别人知道你不可靠时，你的机会就消失殆尽。孔子说："人而无信，不知其可。"守信是无形的"名片"，关乎一个人的形象和品质。

孔子的学生曾子，家有一个小儿子。有一天，曾子的妻子要到集市上买东西，可是小儿子吵着也要去。他妻子就对孩子说：你好好在家等娘，娘回来叫你爹杀猪娃给你吃。孩子不闹了。当她从集市回来，曾子正在磨刀，准备杀猪。她急忙对曾子说，猪娃不能杀，我是哄孩子玩的。曾子听了，说道：大人怎能对孩子无信呢？母亲不守信用，孩子便会失信于人，答应孩子的事是不能反悔的。曾子的妻子点头称是，和曾子一起杀了猪娃。曾子深深懂得，诚实守信，说话算话是做人的基本准则，若失言不杀猪，那么家中的猪保住了，但却在一个纯洁的孩子的心灵上留下不可磨灭的阴影。

有这样一句名言："这个世界上只有两样东西能引起人内心深深的震动，一个是我们头顶上灿烂的星空，一个是我们心中崇高的道德准则。"而今，我们仰望苍穹，星空依然清朗，而俯察内心，崇高的道德却需要我们在心中每次温习和呼唤，这个东西就是诚信。

诚信是一种力量，它让卑鄙伪劣者退缩，让正直善良者强大。诚信无形，却在潜移默化塑造无数有形之身，永不褪色。诚信以卓然挺立的风姿和独树一帜的道德，高度赢得众人的信任和爱戴。守信用作为一种传统美德，是现代人交往的"信用卡"，也是维系人与人感情的"信誉链"。有了诚信，人际交往才会变得有序和有效。

每一个渴望梦想成真的青少年来，都应该主动成为诚信的忠实卫士。我们无须埋怨世态炎凉，人心不古，因为美好的一切就在你我手中。那就从自我做起："面对篝火，我们需要自己带上火柴才能取暖。"从身边的小事做起吧，播种诚信，我们得到的绝不仅仅是朋友的信任，还有值得信赖的整个世界，因为诚信的期盼同样存在于大多数人的心里。当诚信不再是稀缺的资源，当诚信无处不在、无时不在的时候，我们就成功了。

# 5. 空杯心态会让你获取更多

心理学中有种心态叫"空杯心态"。何谓"空杯心态"？"空杯心态"象征的意义是，做事的前提是先要有好心态。如果想学到更多学问，先要把自己想象成"一个空着的杯子"，而不是骄傲自满。

空杯心态就是随时对自己拥有的知识和能力进行重整，空过时的，给新知识、新能力的进入留出空间，让自己的知识与能力总是最新；永远不自满，永远在学习，永远在进步，永远保持身心的活力。在攀登者的心目中，下一座山峰，才是最有魅力的。攀越的过程，最让人沉醉，因为这个过程，充满了新奇和挑战，空杯心态将使你的人生不断渐入佳境。

**心态归零，学无止境**

青少年要想应对时代和环境的变化，须随需应变。以变应变，要求我们具有空杯心态。做事的前提是先要有好心态，如果想学到更多学问，提升能力，要把自己想象成"一个空着的杯子"，而不是骄傲自满、故步自封。

归零心态，其实就是一种虚怀若谷的精神。有了这种精神，人才能够不断进步，企业才能不断发展。心态归零，即空杯心态是重新开始，我们应该不断学习、学习、再学习。而后，我们的生命才会更有价值。

在一座山庙里，住着一个老禅师和一个小沙弥。有一天，老禅师让小沙弥用筐去装一筐东西回寺庙。不一会儿，小沙弥就回来了，筐里装满了几块大鹅卵石，老禅师问，满了吗？小沙弥奇怪了，明明已经满了呀！但是，他不敢说话，于是背着筐又出去了。不大一会儿，小沙弥又回到了寺庙，筐里的大的空隙填满了小鹅卵石，老禅师对他说："满了？""满了！"小沙弥答到。老禅师说："再去！"，如此三番，小沙弥后来又在小缝隙里装了沙子，又往里面注入了一茶壶水才算交了一份答卷。这让我们受到了很大的启发：当自己心中已装满了东西，哪里还有空间来容纳其他事物呢？

做人就像一只杯子，你不停的往杯子里倒水，杯子的容量有限，如果你不把杯子里的水倒出来，水就会溢出来。人的思想就像只杯子，装满了知识和想法，假如你想要学得到更多的东西，就必须先把自己手中的那半杯水倒掉，真心的用一个属于自己的空杯，然后才能够真真正正的学到自己想要的东西。如果你不抛弃旧的观念，就无法接受新的东西，所以，做人要空杯一切。

我们都知道这样一个现象：如果一个杯子有些浑水，不管加多少纯净水，仍然浑浊；但若是一个空杯，不论倒入多少清水，它始终清澈如一。请时常清空我们杯中的水，以积极、开放的心态面对新事物。"善人者，不善人之师；不善者，善人之资，"学习善者，可找出差距，弥补不足，学习不善者可以以此为鉴，减少不必要的失误，提升适应性。

所以，心态归零，是一次更高起点的重新开始，是一个人的心智！更是成熟的真正标志。无论是风雨交加的日子，还是阳光灿烂的日子，只要领悟了一切归零的奥秘，你就能气定神闲，笑看人生。

**弯下腰去学习**

在人生的道路上，我们要试着学会弯腰去学习。因为，谦卑的心态；任何事物发展的客观规律，都是波浪式前进，螺旋式上升。在互联网这个全新的领域中，博士、董事，都是不懂事；大校、中校，全无效；上尉、中尉，无所谓。所以，只有心态归零，你才能快速的成长，才能学到这个行业的很多技巧和方法。

　　歌德在他的叙事歌谣里讲的。耶稣带着他的门徒彼得远行，途中发现一块破烂的马蹄铁，耶稣就让彼得把它捡起来。不料彼得懒得弯腰假装没听见，耶稣没说什么就自己弯腰捡起马蹄铁，用它从铁匠那儿换来三文钱，用这钱买了十八个樱桃。出了城，两人继续前进，经过的全是茫茫的荒野。耶稣猜到彼得渴得够呛，就让藏于袖中的樱桃悄悄地掉出一颗，彼得一见，赶紧捡起来吃。耶稣边走边丢，彼得也就狼狈地弯了十八次腰。于是耶稣笑着对他说："要是你刚才弯一次腰，就不会在后来没完没了地弯腰。小事不干，将来就会在更小的事情上操劳。"今天多弯腰拾起一些"小事"，或许明天，它就会在我们的怀中孵化成美丽的宝石。

　　这些故事正是告诉我们，人在学习的过程中，一定要有弯腰学习的精神。无论何时何地，我们永远都应保持一颗谦卑的心，时时刻刻明白：要想获得真知，就得弯下腰去学习，而要想做到这些，就需要有谦虚的态度。

　　谦卑是什么？谦卑就是甘愿让对方处在重要的位置，让自己处在次要的位置。易经谦卦说：谦卑是指人因为虚心所以能进入对方的心，被别人接纳。而在沟通时彼此接纳是很重要的，因此谦卑作为一种品格也非常重要。学习既是一种行为，更是一种开放的谦卑的心态，是成功者必备的素质，要永远保持一颗谦卑的心，努力向所有身边的人和事学习。因为只有这样，我们才会学得更多、学得更好。

　　"人要有空杯心态和海绵心态，让自己从学徒的心态开始前行"。如果总是守着自己的半桶水，晃呀晃的，有相应的成就感，认为"也不过如此"。这个时候产生的成就感一方面有利于我们增强对学习新事物的信心，但另一方面值得注意的是，与信心的增强一同滋长的还有我们的浮躁心理和骄傲心态。如此一来，求知欲下降了，自傲心理加强了，学习的动力没有了，于是便有了半杯水、半桶水，再也无法融进更多的知识。

# 第二节　定位自我

## 1. 认清真正的自己

在人生中，人们最关注的就是自己。当拿到一张集体照时，你的第一个目光肯定会落在自己身上。每天早上，面对着镜子里面的人，你不妨问问：他（她）是谁？请不要笑此话太傻。俗话说：一个人最大的敌人莫过于自己。要战胜自我、了解自我这个最大的敌人，就是认清自我，客观的评价自己，但是，又有多少人了解自我有几分。青少年朋友，在这个错综复杂的社会，时常审视自我，是在人生道路上成就自我的关键。

**时刻分析自己，自省中认清自己**

歌德曾经说过："一个目光敏锐，见识深刻的人，倘若又能承认自己有局限性，那他离完人就不远了。"如果一个人不认识自己的缺点，很容易因自负而失败；优点可能会受到缺点的影响；只看优点，不看缺点，就会导致自己根本听不进别人的一点点的意见和批评；过分地骄傲；只退不进，甚至失去了最宝贵的尊严……

在现实生活中，每个人都有自己的长处和不足，甚至有别人所不具备的优势。这些在青少年中尤为常见，以上的任意一种心理都能在你们中间找到。所以，青少年朋友要想克服这些心理上的障碍，必须要正确认识自己、评价自己。

有一个爱发脾气的妇人，与身边的邻居、朋友关系搞得很僵，为此整日闷闷不乐。为了改正自己爱发脾气的缺点，就上山庙里找老和尚求助。

老和尚听了她的苦闷后，就把她锁到了一个柴房里面。当时，她就怒气冲天，要求放出去。和尚没理会，转身走了。一个时辰后，妇人稍微静下来，和尚问是否还生气？妇人回答到："我生我自己的气，我为什么听信别人的话来这受罪呢？"高僧听后拂袖而去。一个时辰又过去了，妇人觉得生气不值得。高僧笑着说。"还知道什么叫不值得呀，看来心中还有衡量，还是有气根的。"

终于，大师第四次来看时，妇人抬起头说："大师，真是奇怪啊，我现在反而并不生气了，有什么好气的呢？我想明白了：气不就是自己找罪受吗？"高僧把手中的茶水倾洒在了地上。妇人看了很久才顿悟。

其实，在这几个时辰中，老和尚是在让这个妇人自省，来彻底地分析自己，这时她才翻然醒悟。在世界上所生存的每一个人都有七情六欲，只要有感情，就会有怒气。但是，凡事都要有一个度，要有因有果。

所以，青少年朋友们，无论你们遇到怎样的困难与挫折，都不要埋怨造物主、世道的不平，与其抱怨他人的不是，不如及时分析自己。其实，很多时候，困难与挫折不是由自身的原因所造成的。所以，你们应学会从中找原因，及时分析自己的所作所为是否正确，这才是重要的。人总是在自我反省中认清自己，并且决定自己以后避免发生这种不该发生的事。只要你相信自己，就一定会做到的。

### 认识自己才能把握自己

古人说："临渊羡鱼，不如退而结网。"当青少年认识了自己之后，就应当坚定起来，让自己变成一个有思想、有韧性、有战斗力的强者，为了祖国的繁荣，为了国家的强大，为了自己的未来，在你所专长的道路上一步一个脚印地走下去。不要再犹豫，不要再迟疑，再观望几年，人家已经做出成绩来了。虽然说，只要认定、只要开始就不算晚，可是，人生能有几个十年供你挥霍。人的生命是有限的，早一天总比晚一天要好的多。

英国的一个著名诗人济慈，他本来是学医的，可是后来无意中，他发现了自己有写诗方面的才能，所以，就当机立断改行写诗，而且在写诗的过程中，他很投入的用自己的整个生命去写诗。很不幸，他只活了二十几岁，但是，他却为人类留下了不朽的美丽诗篇。

马克思在年轻的时候，也曾想做一名伟大的诗人，也努力的写过一些诗。但是，他很快发现在这个领域里，他不是强者，他发现自己的长处不在这里，便毅然决然地放弃了做诗人的想法，转到寒舍科学研究上面去了。

试想一下，如果上面的两位大师都没有正确的认识自己，看清自己的话，那么英国至多不过增加一位不高明的外科医生济慈，德国至多不过增加一位蹩脚的诗人马克思，而在英国文学史和国际共产主义运动史上则肯定要失去两颗光彩夺目的明星。所以，要认识自己才能把握好自己。无论做什么都要切切实实、脚踏实地去做，大而无当、好高骛远的想法一定要排除。

认识自我，就是要客观地评价自己，既不高估自己，也不贬低自己；认识自我，就是要认识自己的优势、劣势、自己的与众不同和发展潜力；认识自我，就是要认识自己的生理特点，认识自己的理想、价值观、兴趣爱好、能力、性格等心理特点。

在社会生活中，如何塑造自我形象，把握自我发展，如何选择积极或消极的自我意识，如何正确的认识自我、肯定自我，将在很大程度上影响或决定着一个人的前程与命运。所以，青少年朋友，要想在社会上立足并有所成就，就必须对自己有一个全面而深刻的认识。人们只有清楚地知道自己想做什么？能做什么？做了会付出什么？付出之后会得到什么？才能更理智的去面对人生中的多项选择。只有认识了自我，才能开发出更大的自我潜能，才能发展自我，超越自我，升华自我，从而达到一个全新自我的境界。

# 2. 做最棒的自己

每个人都渴望成功，可走向成功的道路又是那么崎岖而漫长，充满着看得见看不见的困难和竞争对手，其中最强大的对手其实就是你自己。你的一切消极心态就是你最大的敌人，可是你又该用什么去战胜它们，到达成功的巅峰呢·如果说失败是成功之母，那么自信就是成功的基石。

英国哲学家培根说过：深窥自己的心，而后发觉一切的奇迹在你自己。自信是一种来自于心灵的力量，自信是一种说服力，在开始时，看起来仿佛不会成功的事，假如你坚持地做下去，它就会成为对自己的一个证明。相反的，假如你因为别人的怀疑或批评而犹豫不决，退缩不前，那不用别人阻挡，你自己就打败了自己。

**培养自信，战胜自我**

在现实中，强者最大的竞争对手是自己，而自己成功最大的障碍是缺乏自信。只要你自信，只要你尊重自己、坚信自己，你就是伟大的，最终的成功必定属于你。自信是一切成功者的钙质，没有自信的人，将一事无成。对于青少年而言，培养自信是尤为重要的。

相信自己，无所不能。相信自己，无所畏惧。自信心是人生成败、幸福与不幸的关键。同时，人也是理解自己和与他人相处的关键。信心是行动的发条，基于信心而来的那种无比的驱策力量，就是缔造人世间一切殊功伟业的源头。人有信心，就有希望。信心能使软弱的人变得刚强，毅然承担一切苦难与折磨，接受任何考验和试探。

一天，上帝分别送给三个年轻人一些同样干瘪的种子：第一个年轻人大呼："上天为何如此不公？这么干瘪的种子怎么能够发芽？"随手扔掉种子后，他在报怨声中结束了一生。第二个年轻人抱着试一试的心理，播种、浇灌、施肥，但很快就放弃了。后来，他终生为寻找一些饱满的种子而努力。第三个年轻人相信：只要精心呵护、尽心尽力，再干瘪的种子也能长成参天大树，自己的汗水会换来成片的阴凉。结果，第三个年轻人很快就拥有了一大片森林。在这个故事中，第三个年轻人选择了前者，可见，自信是人获胜的法宝，更是事业的保障。

青少年朋友，你自信吗？当你成绩名列前茅时，你能否告诉自己："一分耕耘，一分收获。"而不是"这次运气真好！"而造成心理上的压力；当你成绩有了进步，你能否对自己说："学习有什么困难，只要努力，我一定能学好！"而不是"这次纯属侥幸，我不是学习的料。"而停滞不前；当你考试退步了，你应该向天发誓："从现在开始，我一定努力，一定学好！"而不是"我永远也学不好，学习对我来说就是活受罪！"而放弃了学业。如果你真的想拥有自信，就从现在起告诉自己：哪怕是一粒干瘪的种子，我也要长成参天的大树！我相信：我能行！

所以，青少年朋友们，在生活中，面对不幸，要对自己充满信心，对生活充满信心；在学习上，面对困难，要给自己信心，要永远地相信自己可以。让你的生活到处都充满着自信与活力，你的生活将会是

65

五光十色的。

### 肯定自我，建立自信

现在越来越多的青少年心理都产生自卑感，内心缺乏一种内在的自我价值感，这就需要调整对自我的认识角度，来重新认识自我，肯定自我，通过不断地发展自我建立一种独特的人生优势——自信。

自信是一缕和煦的春风，是一丝动人的微笑，是一片明朗的天空。自信让我们变得干练、成熟，自信使我们的脚步变得坚实稳健。一个不屈不挠的人，自信在心中必坚韧地站立着，站成精神上的钢浇铁铸的脊梁，站成一幅永不凋谢的风景。

自信产生于努力之中。有人认为做事情只有有了自信之后才能去行动，这就好比人学会了游泳之后再下水学游泳一样，是非常荒谬的。当我们徘徊于做与不做之间时，就应该在没有自信的情况下，大胆去做。

伊索寓言有一个故事：父子二人赶驴到集市去，途中听人说："看那两个傻瓜，他们本可以舒舒服服地骑驴，却自己走路。"于是老头让儿子骑驴，自己走路。又遇到一些人说："这儿子不孝，让老子走路他骑驴。"当老头骑上驴让儿子牵着走时，又遇到人说："这老头身体也不错呀，让儿子在下面累着。"老头子只好让两人一起骑驴，没想到又碰到人，有人说："看看两个懒骨头，把可怜的驴快压爬下了。"老头子与儿子只好选择抬着驴走的方法了，没想到过桥时，驴一挣扎，坠落河中淹死了。

例子中可以看出，人都希望得到他人的认可与尊重，期望获得荣誉，因为这些可以令人精神上受到鼓舞。但是，人在奋斗过程中，真正有作为的事不是跟在别人后面亦步亦趋，而是需要创新。理解是具有滞后性的，如果不培养自我赞许的意识，就无法自我肯定，就坚定不了决心和信心，失败就随时"恭候"着你。

自信仿佛是人生坐标系上的原点，处境极其微妙，前进抑或后退，就在一念之间。具备自信就是具备了开拓进取的基础和条件，因为有了自信，就有了创造精神和创新意识。十分成功中有五分属于自信。成功是船，自信是帆；成功是高山，自信是登山的台阶；成功是远方的路标，自信是脚下的跋涉。

正像莎士比亚所说的："自信是走向成功的第一步，缺乏自信即是失败的原因。"无论在学习中还是在生活中，人人都会遇到各种大大小小的挫折，或学习方法不当，使人困惑；或学习枯燥，使人懈怠；或成绩不理想，会使人沮丧……而自信就好比一把智慧的钥匙，帮你顺利地开启每一扇成功之门；自信就如黑暗中的灯塔，把你从困境中解救出来；自信就像人能力的催化剂，人前进的动力，能将人的各种潜能充分调动起来，发挥到最佳程度。

# 3. 勇于突破自我的限制

卡耐基曾说："经过无数次失败以后，姗姗来迟的东西叫成功。"漫漫人生路上也正是有了成功与失败，生活才有意义。作为旭日东升的青少年，要明白成功绝非偶然，是靠艰辛的付出和耐心的积累而来，当你在一次次的失败后，又一次次的选择后，就会发现成功的坦途已经铺到你的面前了。要记住，在生命中勇于突破自我，战胜自己，不要放弃自己的梦想和追求，努力向前。

### 突破自我，需要勇气

人生如戏，每个人都是主角，不必模仿谁，我是我，你是你，好好地活着，为自己活着。有梦想就大胆的追求！失败也不要放弃，随它花自飘零水自流。其实对青少年来说，真正的成功，不在于战胜别人，而在于战胜自己。

小红从小性格就内向，自尊心也特别强，所以学习成绩一直也很好。可是，最近她总以为别人时刻都在用鄙视眼神的看她、评价她，所以她担心自己会出什么差错，否则，会让人看不起。后来，她暗恋上了班内的某个男生，但又不敢表露出自己的爱慕，还怕别人知道这个秘密。有一次，好朋友给她开玩笑说："我知道你爱上他了，你别藏在心里啦！"她一听心里急得发慌，担心别人会对她评头论足。从此以后，她见人就躲开，不愿理会别人。有人找她聊天、玩耍，她就面红耳赤、心慌意乱，而且说话也是语无伦次，最后导致一见人就担心害怕。

以上这个事例表明，小红是由于社交恐惧心理导致她不能正常与同学交往。最终陷入困境、不能自拔。这种社交恐惧是因心理紧张而造成的心因性疾病，只要有这种心理的青少年做到全面了解自己，树立自信心；改善自己的性格；学会与别人交流；掌握上些社交技巧……只要将这些落实到位，相信战胜不良的心理障碍是指日可待。

中国有句俗语说得好："不会战胜自己的人，是胆小的懦夫。"突破自我，需要勇气，需要其顽强生命的活力。青少年朋友们，无论是健全的身躯还是残缺的臂膀；无论是优越的条件还是困窘的环境，大胆地拿出你的勇气，你的胆识，去克服困难，克服恐惧，克服失败带给你的消极情绪。不管你正在前行中，还是失意时，此刻不要在彷徨，不要再犹豫，对现在的你来说从失败中找出通向成功的途径才是最重要的。

青少年朋友们，只要勇于突破自己的防线就等于打开了智慧的大门，开辟了成功的道路，铺垫了自己在人间的旅途，铸成了自己的一种面对任何烦恼和忧愁的良好心态。

### 战胜自己，走向成功

对于青少年来说，只有在前进的道路上，勇于突破自我，即使是失败也是一种锻炼。要做到胜不骄，败不馁，不要永远活在失败的阴影下，勇敢地去找寻失败的原因，提升自己，战胜自己，相信自己一定能把人生这局棋走的很精彩！只有勇于突破自我，才能少些不必要的烦恼与忧愁。郑板桥说："千磨万击还坚韧，任尔东西南北风。"勇于突破自我，无需犹豫！战胜自己，何需等待！拿出你的勇气来，勇往直前，永远争取吧！

他出生在一个寂静荒野上村庄上，因为贫穷，常被赶出居住地，全家人不得不经常搬家。9岁的时候，母亲因病不幸去世，生活变得更加艰难。22岁时，他失业了，很是伤心，决定参加州参议员竞选，但落选了。想进法学院学法律，但因种种原因进不去。不得不向朋友借钱经商，可不到一年就倒闭破产了，欠下了巨额外债，此后的几年里，他不得不为偿还债务到处奔波。

25岁，他再次参加州参议员竞选，竟然赢了，以为从此好运就会来了。第二年，正当他准备结婚时，未婚妻不幸去世，受到打击，为此心灰意冷，而卧病在床。

29岁，竞选美国国会议员，结果没有成功，但他没有放弃，于第二年又参加竞选美国国会议员，可还是落选了。

因为竞选赔了一大笔钱，他申请担任本州的土地官员，但申请被退了回来。几年里，接二连三的失败并没有使他气馁，而是勇敢的面对，挑战失败。过了两年，他再次竞选美国国会议员，依然遭到失败。

在他51岁时，1860年，他终于当选为美国总统。他就是一个令全世界都为之叹服的伟人——美国第十六任总统，亚伯拉罕·林肯。

他战胜了生命中接踵而来的各种挫折与不幸，最终战胜了自己，登上了人生理想的高峰。

鲁迅先生说："人生的旅途，前途很远，也很暗，然而不要怕，不怕的人面前才有路。"的确，在通往成功的道路上，不乏荆棘和陷阱，到处都有困难和坎坷。有些人遭到了一次次失败，便把它看成拿破仑的滑铁卢，从此一撅不振。而对于一心要取胜、立志要成功的人来说，一时的失败并不是永远的结局，在每次遭到失败后学会重新站起，要比以前更有坚强的毅力和决心向前努力，不达目的决不罢休。

布伦克特说："只要不让年轻时美丽的梦想随着岁月飘逝，成功总有一天会出现在你面前。"要坚持你的梦想，不要退缩，成功并不是海市蜃楼，那是黎明前的黑暗，因为阳光总在风雨后，请相信有彩虹！坚持自己的梦想，成功就在你的前头！

纵观古今中外的成功人士举不胜举，司马迁虽然身受宫刑，但仍不屈不挠，凭着顽强的毅力完成了巨著《史记》；海伦自小双目失明，饱受病魔缠身，但她自强不息的精神促使她写下了一部又一部脍炙人口的文学著作……战胜自己说起来容易，但是真正地做起来要比战胜别人难的多，因而战胜自己，就要有坚韧不拔的意志，要有根深蒂固的信念，要有在逆境中成长的信心，要有在风雨中磨练的决心。不要时时刻刻把战胜别人看得太重要，最大的胜利便是战胜自己。战胜自己并非易事，所以，青少年朋友们要加强培养战胜自己的目标、决心、能力及克服困难的勇气。

# 4. 时刻给自己定位

现在校园里的"攀比"现象越来越严重，这在青少年心理上滋生了可怕的"虚伪"，很多人过于好强，爱面子，追求享乐，时刻把自己放得高高在上，人生没有了目标，整天过着虚无缥缈的生活。这种做法是错误，青少年在风华正茂之时，应该时刻给自己一个定位，让自己的生活过得充实，有意义，让自己的心灵不再空虚。

### 虚伪心理，让你们迷失了自己

青少年不要被周围繁华的世界所诱惑，要摆正好自己的位置，找到属于适合自己的位置。不要见到其他同学有什么，不顾考虑自己家庭的经济情况，也要拥有一个；不要时常夸下海口，不考虑自己的能力，去做自己没有能力完成的事情；不要因为自己跟不上潮流，就装出一副的"个性"……这些一旦在青少年心理滋生，是件可怕的事情。因为大家心里已经被虚伪填充，迷失了自我。

大家要睁开明亮的眼睛，看清自己所在的位置，给自己的人生一个准备的一个定位，不要只凭自己一时的虚伪而冲动，做出一些错误的事。所以，大家要给自己找准定位，是指引自己人生道路的"北极星"，照着方向前进。

李某是一个初二的学生，放寒假的时候，他的同学好多人都跟着自己的父母去外地旅游了，李某也跟同学们说自己去陕西西安看兵马俑了。实际上李某只跟着父母串串亲戚，没事在家看看电视或者是逛逛商场，就这样寒假马上就要结束了。他的同学纷纷把自己在外地带回来的纪念品送给李某，并且向李某索要纪念品。李某说等到开学时，自己一定把纪念品送给他们。没办法他只好给在西安工作的小姨打电话，让她寄一些兵马俑泥塑品和西安剪纸，以解他的燃眉之急。

像李某这样虚伪心很强的例子，在青少年中也是常见的。心理学家曾对青少年这一现象进行分析，产生这种心理的原因主要有三方面：

过于好强，爱面子。比如，为了证明自己比人强，就是没有把握的事情，你们也会选择去做，或是碍于面子问题，而不好拒绝某人所请求的事情。

好攀比，追求享乐。这需要受社会风气的影响，青少年对事物的分辨能力还不够，容易走进误区，这也是产生虚伪心理的主要原因之一。

实际上，对于青少年的虚伪心理，可以有针对地治疗。

改变自己。首先应该认识到，虚伪是人性丑陋的一面。所以我们应该改变，不要试图去改变别人，只要自己不虚伪并能为人着想，多忍耐就可以了，这样生活的会更快乐。

真诚待人。面对带有虚伪心理的青少年学生，最主要的是消除你们内心的芥蒂心理，让你们在外人面前没有心理负担，不必戴着面具生活，还你们本来的内心真相。

改善环境。要想真正纠正青少年学生中的虚伪之风，必须对现实的社会风气进行系统研究，针对造成这一问题的社会制度、思想根源，采取切实有效措施，改善社会风气，使之成为青少年心灵成长的适宜土壤。

## 准备的定位可以指导人生

在生命中的每一个阶段，都有一个位置问题的存在。位置并不复杂，在提升生命质量的过程中，位置都是由低到高，慢慢地循环渐进的，每个位置都有自己的表现，不能逾越，不能跳级。

在懂得了这些以后，再给自己定位，就有了一个准确的方向。因此，青少年要善于把握分寸，需要谨慎，加上持久的努力，这样才能在人生大舞台上演好自己的角色。

有这样一个人，他为了生活想砍一棵大树来换够多的钱养活家人。来到森林里面，他到处寻找，终于发现了他理想中的目标。他满心欢喜地用三天工夫砍倒了这棵树，最后却发现自己根本就带不走它，因为树太大了。如果在寻找目标的时候，他找的是一棵自己能扛得走的树，也许早就扛走了，用卖树的钱买了粮食，正与家人围在饭桌前谈天，在欢笑里等待饭熟。

这个人的心很大，但是却忘记了自己的力量很小，于是，悲剧就发生了。他错就错在没有给自己一个准确的定位。许多人一生都在瞪大眼睛寻找财富，贪婪的想把世界上每一样美好的东西都揣进自己的怀里，不料辛辛苦苦忙碌了好一阵子到头来却两手空空。真正有智慧的人懂得收敛内心的欲望，只选择自己够得着的果子去采摘，而不会把自己的小聪明当成智慧。

每个人都有属于自己的位置，但要想找到适合自己的位置，就不是那么简单了。只有找到自己的长处，给人生一个准确的定位，才能取得真正的成功。如果没有给自己确定一个准确的位置，你就可能会失败。有很多成功人士的成功，首先得益于他们根据自己的特长来进行定位。如果不充分了解自己的长处，只凭自己一时的想法和兴趣，那么定位就不准确，有很大的盲目性。

青少年朋友，在成长的道路上，时刻给自己准备的定位，让自己的心灵不再虚伪、空旷，这是走向成功人生的关键。人生最重要的不是奋斗，而是奋斗前的选择，选择就意味着要给自己一个准确的定位。人生在世几十年，如果没有一个准确而清晰的定位的话，会让自己走很多的弯路，甚至于遭受更多的挫折。

## 5. 接纳自己的不足之处

忧郁心理是一种阴霾般的低潮情绪笼罩的心理疾病，宛如织网般地难以挥去，而不是一种短暂的、可以消失的情绪低沉。在每个人一生中或多或少都会碰到极大的挫折与压力，或因人际因素、家庭的因素、经济上的因素、工作或学业的困扰等诸多压力事件，情绪无法获得有效的宣泄，周而复始一再累积，很快就会产生"忧郁"情绪。人们心里一旦产生了这种情绪，会影响到行为和心情。

### 过分追求完美，带来忧郁心理

现在的青少年为了追求完美，对自己实施过分的要求，期望自己达到完美无缺。殊不知，在追求完美的时候，若不顾自己的实际状况，会给自己的心理无形中带来压力。若平时不能容忍自己"不完美"的表现，对自己"不完美"的地方过分看重，甚至把人人都会出现的，人人都会遇到的问题看成是自己"不完美"的表现，总对自己不满意，渐渐地影响了自己的情绪和自信心。

青少年对自己的长相不满，对自己的家庭条件不如意，对自己的穿戴不喜欢……心理上的这种不完美，都是由于过于追求完美，对自我过于苛刻造成的。若只接受自己理想中的"完美"的自我，不肯接纳现实中平凡的或有缺点的自我，其后果往往适得其反，使大家对自我的认识和适应更加困难。久之，心理就会滋长出忧郁的萌芽。

王娟，某市重点中学的初三学生，一个才貌双全的女孩子，在老师眼里是个"熊猫级"人物，在同学眼里是"佼佼者"，惟一美中不足的是她缺乏对艺术方面的认识。每当学校举行什么晚会，同学们都报名参加了，只有她没有。她不会唱歌不会跳舞，每次晚会活动的舞台上都没有她的身影。为此，她很生气，自己一向是老师、同学心中的"骄子"。在这样的舞台上，却没有自己。她就抽出一部分时间来学跳舞，可是，也许她太过于追求完美，总觉得自己跳地不好，像只鸭子扭来扭去的。由于心理上常常对自己不满，时间长了，就积压出了忧郁的情绪，成绩也随着下降了。

像王娟这样的青少年越来越多。殊不知，要想改善对自己期望过高的心理，首先要树立正确的认知观念。人不能十全十美，每个人都有优缺点，人既不会事事行，也不会事事不行，一事行不能说事事行，一事不行也不说明事事不行，优点和缺点不能随意增加或丢掉，成功失败也不是自说自定。一个人应该接纳自己，并肯定自己的价值，不自以为是也不妄自菲薄。

大家在追求完美的时候，一定要找好自己的立足点，不要盲目地为自己过分的要求。有的青少年无形中去重视了别人，而贬低了自己。人应该立足自己的长处，清楚、接受并尽力改进自己的短处。成功时应多反省缺点以再接再厉，失败时多看到优点和成绩，以提高自信和勇气。对青少年来说，必须明确自己的期望是什么，以及这种期望的来源是来自自我的本身能力和需求，还是从满足他人的期望出发。只有明确这一点，才可以真正认清自己，规划自己的发展方向，最终建立独特的自我。

最后，接纳自己的不完美。人各有所长所短，每个人都是独特的，与众不同的，应欣赏自己的独特性，并不断地激励自己。

**接纳自己的不足，战胜忧郁**

目前，青少年忧郁心理有明显增多迹象，然而，人们对这一心理现象的认识依然模糊不清。很多人认为青少年偶尔想不开或心情不好，这是很正常的一种心理。事实上，忧郁心理往往会导致青少年情绪障碍，延误就医的结果经常导致学业中辍，甚至误了一辈子的前途

具有忧郁心理的青少年，往往不愿与他人交往，学习动力不足，对以往感兴趣的文体活动、影视也感觉平淡乏味。性格越来越内向，甚至离群索居，自我封闭，有时又无故烦躁不安等。

　　小敏同学的父母在"热潮"中双双下岗，家庭条件十分困难，聪明勤奋的小敏由于性格内向，父母下岗无疑让她的心里蒙上了一层阴影。她担心学业因家庭困难而被中止，心中的忧郁无处诉，因此变得沉默寡语，与同学之间的交往也变少了，遇到人与其打招呼或全然不睬，或报以淡笑。幸而后来以优异的成绩考取一所名牌大学。虽然家里困难，但父母还是非常愿意供她读大学的，可是她上大学不到一个学期即因心理症状而休学。

　　小敏因为自己的家庭条件不好而导致忧郁的心理，从心理学上来说，这是很正常的现象。现在越来越多的青少年都在"攀比"，家庭、经济、吃穿、长相等，而这些对于条件不好的学生来说，无疑是一种心理上的自卑，时间长了就产生忧郁。

　　其实，大家不要为自己的不足而失落，要敢于去接受自己的那些不完美。在世界上，没有十全十美的人，大家要去认真对待自己，可以从下面几方面着手：

　　获得支持。青少年遇到挫折、失意时，绝对不要闷在心里，找家人或朋友谈谈，不仅可以宣泄情绪，他们或许可以给你不同的看法。

　　积极态度。凡事保持乐观的想法，即使是失败了也应该勇敢面对，因为失败是成功之母，凡事抱着正面积极的想法，不要因为看到阴天就想到下雨，下了雨更应该想到雨过天晴之日，风雨过后是彩虹嘛，总有一天必能"心想事成"。

　　生活有规律。很多青少年朋友因为学习时间抓的紧，认为运动浪费时间。或是为了准备应考而常常"开夜车"。须知，学习需要劳逸结合，即使要考试也不要常常为了准备考试而熬夜，更不应该利用运动时间而苦学习。适度的运动可以放松身心，让学习更有效率。

　　定计划留有余地。每天晚上睡觉以前，考虑明天干什么。计划不能定的太高，也不要太低，充分留有余地。这样每天都可以顺利完成计划。这就是人们通常所说的"跳一跳就可以摘下果实来"。

及时肯定自己。每天晚上睡觉以前，要充分肯定自己这即将过去的一天的成绩和进步，不讲消极的东西。能写日记最好，把好的体验、进步、成绩记到日记上。天天都这样记日记，觉得生活会越来越有意思。

# 6. 摆低自己的位置

苏联生理学家巴甫洛夫说：无论在什么时候，永远不要以为自己已经知道了一切。不管人们把你们评价的多么高，但你们永远要有勇气对自己说：我是个毫无所知的人。

因此，正在接受知识的青少年们，要时常保持着"谦虚"的心态去学习，要抱着"不满足"的心理去接受新的世界。谦虚可以使人进步，而骄傲使人颓废。无论在什么时候，都要摆低自己的位置，谦虚地生活。

### 避免自我膨胀，战胜骄傲

骄傲心理是指高估自己，低估别人而引发的一种傲慢自负的心理。这样的青少年往往虚荣心较强，只爱听表扬、夸奖的话，不能挨批评，不爱接受别人的意见。在竞赛活动中，只能赢，不能输，稍有挫折，容易失去心理平衡。

生活中最重要的事就完善自己的灵魂，而骄傲的人始终认为自己是十全十美的。正因如此，骄傲极为有害。骄傲的人总是忙于教训他人，以至于从不考虑自己，当然也不必考虑：他们是那么地好。正因如此，他们教训他人越多，自己就跌得越低。正如俗话所言："你们中间谁为大，谁就要做你们的佣人：因为凡自高的，必降为卑；而那自卑的，必升为高。"

何某，聪明活泼，能说会道，能歌善舞，喜欢参加班级、学校组织的各项活动。家庭条件非常好，父母在物质上都对她给予极大的满足。尤其是父亲，由于自己儿时生活很艰苦，因此希望女儿过得好，对女儿十分溺爱。在学校，由于她勇于表现自己，受到老师器重，同学们也佩服她的口才与文笔。长久下来，她养成了自尊自大的性格，与同学说话总是一副盛气凌人的样子。渐渐地，同学们都不理她，她也感到困惑，常常因没有朋友而闷闷不乐，甚至让父亲给她买一只小狗做伴。

上面的例子在生活中可谓是处处见到，现在的青少年都过于高估自己，心理上慢慢形成骄傲。这样下去，会把自己的前程毁掉的。所以，青少年要学会全面分析问题，看到自己的不足，摆正自己的位置。

山外有山，天外有天，自然界的事物无止境，要想认识自己，就必须丢掉个人主义的有色眼镜，学会全面、客观、发展地看问题，学会掌握分析事物的方法。人一旦跳出自我小圈子，站在客观的高处，低头看，就会找到自己的位置。到那时，就不会过高地评价自己，就不会昏昏然，就会发现我们只是沧海一粟。我们所取得的成绩和所谓的那点资本同别人相比，同未来事业的需要相比是微不足道的，这样，我们会冷静许多。

许多青少年由于看不到自己不足，做某件事成功了沾沾自喜，就觉得自己很多方面都比别人强。如果你能经常发现强人，并且体会到自己的不足，与强人有多大的差距，这样就会变得谦虚了，自然骄傲也就远离你了。当你在学习上有了进步取得好成绩时，应当把成绩当作过去，更加努力。不要嘲笑在某些方面不如自己的人。因为每个人都有长处和短处，应虚心学习别人的长处，克服自己的不足，这样才能有利于个人的进步。不要与同学比吃穿，更不要瞧不起那些生活困难、朴素的同学。当听到表扬时要勉励自己：戒骄戒躁，不断进步。

### 应常怀谦虚之心

著名的文学家、思想家、革命家鲁迅先生曾经说过："不满足是向上的车轮。"只有谦虚谨慎，不骄傲自大的人才能获得成功，一步一步向人生的顶峰攀登。它是人生成功的奠基石，是黑暗中指引方向的路标，是乘风破浪前行的有力武器。

受世人崇敬的周恩来总理，一生谦虚谨慎，平易近人，身为总理虽日理万机，公务繁忙，但每到一处都要深入群众，了解情况。一次，他到上海考察，与电影演员们会面，在亲切交谈中，有个小同志热情地向他建议，说："总理，您给我们写一本书吧！"可他却回答说："如果我写书，就写我一生中的错误，让活着的人们从过去的错误中吸取教训。"

这样的事例举不胜举，都意在告诉我们，谦虚不仅是一种美德，更是一种激励青少年积极向上的力量。谦虚之心更能显示人的智慧。人人都希望自己充满智慧，变成聪明人；只有谦虚地去学习，在成功中不断进取，一步一个脚印，才能产生更多的智慧。

我国伟大的文学家、历史学家郭沫若先生，一生中曾创作过很多作品，名声大振。可他仍然不忘虚心听取别人的意见。在一次演出前，他临时将一句台词进行更换。这并不是没事找事做，而是在原优秀作品上镀上一层金，味道更浓了。但是，有些人并不是这样，他们一直自认为自己很优秀，很了不起，不愿意听取别人的意见，总是一意孤行，任凭自己的做法胡乱操作下去，结果可想而知。

孔老夫子，他是我国古代伟大的教育家，弟子万千，可他从没有自满，常常以自谦的态度教育弟子，还告诫弟子说："三人行，必有我师焉。"

谦虚是一种美德，也是一种修养。谦虚者可以包容别人、善待别人，学习和吸取别人有益的经验和知识，从而提高自己，避免浅薄无知。常怀谦虚之心，会多一分清醒，少一分陶醉；常怀谦虚之心，会多一分合作，少一分孤立；常怀谦虚之心，会多一分警惕，少一分危险。

在每一个人追求成功的人生道路上，谦虚是人们必备的一种品质。谦虚是一个人正确对待自己，正确对待别人的重要道德要求。谦虚不是软弱而是自知，是一种广阔的胸怀，是一种虚怀若谷的情操，是一种难得的品质，是一种对知识、真理追求的真诚态度。只有谦虚的人才有智慧的头脑。

伟人毛泽东说过：谦虚使人进步，骄傲使人落后。青少年朋友在成长的道路上，更应该以此作为自己人生的座右铭，时刻以这句话来激励自己，在以后的人生中可以更好地茁长。

# 第三章

## 想法决定做法

# 第一节  拿出想法

## *1.* 有想法才有做法

在生活中，人们有很多的无奈，但人生中并非只是一种无奈，而是需要自身主观努力来把握和调控的。人生的方向是由"心态"来决定的。当一个人拥有了渴求心态的时候，正是他走向成功的开始。渴求的心态不仅是成功的起点，也是一个人重要的心理资源。处于青春期的你们，心中装满了梦想和对未来的憧憬，这就要大家满怀渴求心态，并为之不断努力。

**想法决定做法**

心态决定想法，想法决定做法，做法决定出路。人们拥有的最为有力的杠杆形式就是心智的力量。杠杆存在的突出问题在于它可以为你服务，也可以伤害你。如果大家想在宝贵的青春年华里拼搏一把，那首先必须要做的一件事就是运用心智的力量。

想法决定做法，做法决定习惯，习惯决定命运。这是一条不错的生活体验。想法，创造神奇。决定一个人的贫穷和富裕，这都取决于你的想法。青少年朋友们，如果你们心里从没有过自己的梦想或目标，即使上帝给了你一个聪明的脑袋，最终你还是将会一无所有；如果你们常常把自己的想法放心中并付诸于行动，即使你没有聪明的脑子，但经过努力奋斗，你的人生终将成功。

《穷爸爸，富爸爸》这本书想必大家都看过吧，看过后的那种心情，不汹涌澎湃，也过目不忘。因为它总结了人生的真谛，说出了大家想要说的话。渴求什么，脑子里就有什么样的想法，有了这种想法，就决定了你的做法，既而也就成就了你的梦想，踏上了成功的道路。

富爸爸说："第一步决定了你希望生活在哪一个世界中，你是想生活在一个穷人的世界中？阶级的世界还是一个富人的世界？"

"是不是大多数人最先选择生活在富人的世界？"年轻人问。

"不"，富爸爸回答说，"大多数人梦想生活在富人的世界，但是他们没有走出具有决定意义的第一步。一旦做出决定，而且如果你真正做出了决定，那就再也没有退路。在你做出决定的那一刻，你的生活将会彻底改变。"

在生活中，若无超越环境之想，就绝对做不出什么大事。换位思考，换一种想法，会换一种心态，多一个思路，会多一个出路。想法转化思路，思路决定出路。想法决定一个人未来想走怎样的路，只要你的心有多宽广，梦想就会有多宽广。

什么样的想法会有什么样的做法，你就过什么样的生活。你的想法决定了你的言行和人生，决定了你是否是一个成功的人，决定了你的一切，因此，在追求成功的过程中想法是至关重要的，所以"改变想法，才能改变你的命运"。

### 渴求是学习力，行动是加速器

花儿渴望阳光，鸟儿渴望蓝天，鱼儿渴望清泉，同样每个人都渴望成功，渴望精彩的人生。这些渴求为我们奠定了未来坎坷的路途，也为我们奠定了未来生活的方向。渴求是前进的路途上的一首动人的歌曲，渴求是踏向人生征程的未来规划。而行动则是加速器，让我们更快地实现自己的目标。

青少年才刚刚跨出人生的一步，对未来的人生充满了希望和憧憬。正如每个人都希望成为伟人，而平凡的人是大多人的命运。有人没有付出却想占有很多，结果是怨天尤人；有人付出了却收效甚微，于是自暴自弃，真正的智者，不怨天，不怨人，也从不放弃。付出自然有收获，付出多，收获更多，付出少，收获只能很少；一分耕耘，一分收获。正所谓：知不足，然后进取。

一个年轻人去问苏格拉底，成功的秘诀是什么。苏格拉底要这个年轻人第二天早晨去河边见他。

第二天，他们见面了。苏格拉底让这个年轻人陪他一起向河里走。当河水没到他们的脖子时，苏格拉底趁这个年轻人没有注意，一下子把他推入水中。小伙子拼命挣扎，但苏格拉底很强壮，一直把小伙子按在水里，直到他奄奄一息时，苏格拉底才把他的头拉出水面。"在水里的时候，你最需要什么？"小伙子回答："空气。"苏格拉底说："这就是成功的秘诀，当你渴望成功的欲望就像你刚才需要空气的愿望那样强烈的时候，你就已经向成功迈出了第一步。"

当然仅仅迈出了成功的第一步是远远不够的，成功还需要行动。行动是加速器，有了强烈渴求成功的心态后，再加上行动，成功就会一步一步的靠近我们。

想到就做，这是成功的一大秘诀。

也许我们先天不足，但后天的勤奋可以弥补这一缺陷"笨鸟先飞"就是这个道理，空想家永远找不到自己的真正价值。要做，且比别人做得多，才会成功。通向成功的路是一片"苦海"，只有敢于泅渡的人才能修成正果，回头是多数人失败的主要原因。距离成功仅一步之遥了，你不再跨出边式与成功绝缘。

不要总喜欢前途平坦无阻，而要时刻准备去披荆斩棘。不要总说自己要成功，要付出行动，渴求是学习动力，行动是加速器。两者缺一不可。

漫漫人生旅途，潮起潮落。而成功只偏袒有准备的人，一个人如果要获得成功，除了自身的天赋，机遇是最重要的——就是你不懈的努力，不停的奋斗。

时间在流逝，人也在成长。当青少年开始为自己的将来着想时，就已经在渴望实现梦想，渴望成功。每个人都喜欢看别人的成功之路，但别人的成功路是独特的，克隆别人的不会有真正的成功，想成功就得要有自己的想法，不要跟着别人走。怀着一份渴求的心态，在人生的道路上前进，再前进，让行动付诸于心中的梦想！

# 2. 心态决定你的命运

马斯洛说："心态若改变，态度跟着改变；态度改变，习惯跟着改变；习惯改变，性格跟着改变；性格改变，人生就跟着改变。"

为什么有些人平时看起来并不是那么勤奋，却总是成绩突出。而有许多总是付出比别人更多的努力，却只能原地踏步、毫无进展。其实，人与人之间并没有多大的区别。不少心理学专家发现，这个秘密就是人的"心态"。一位哲人说："你的心态就是你真正的主人。"另一位伟人也说："要么你去驾驭生命，要么就是生命驾驭你。你的心态决定谁是坐骑，谁是骑师。"有什么样的心态，就会有什么样的人生，也会有什么样的理想、目标、规划、个性。因此，作为 21 世纪的青少年，无论面对什么事情，都一定要拥有一个好的心态。

**播下一种心态，收获一种命运**

瓦伦达想必很多人都有所耳闻，他是美国一位优秀的高空钢索表演者。有一次，他在一个重大活动中进行表演。出乎意料的是这个重大让他失去了以往的从容，在上场之前，他不止一次的提醒自己："这次比以往所有演出都重要，我没有退路，只有成功才会让所有人对我刮目相看。"然而，他却在表演过程中不幸坠地身亡。后来，记者在采访中才听到他的妻子说：多少表演了，瓦伦达从来都没有这样过。每次表演前，他总是专心致志的准备，并且总是想着如何走钢索，对于其他事从来都是两耳不闻的，更没有为成败担心过。而这次他太看重成功了，竟然付出了生命的代价。之后，这件事便成为心理学上的经典的"瓦伦达心态"案例。

谈到命运这个话题，纵观古今，有大多数人都认为一切都是命运所定，而命运无法改变。其实并不是这样的。通过上边瓦伦达的故事，让我们悟出了这样一个哲理：心态决定命运，命运就掌握在自己的手里。

西方哲学家 J·E·丁格曾如此说："关键的不是我们在社会中所处的位置，而是我们的心态。"好的心态决定好的命运。人的命运是完全由自己掌握的，面对同样一件事，你可以是欢天喜地，也可以是忧愁不已，这完全在于一个人的心态如何。生活多恬淡少浮躁，情绪多稳定少激动，人间多关爱少仇恨，为人多宽容少嫉妒……人生一定会变得更加美好。

的确，心态能使我们成功，也能使我们失败。试想一下，有考前恐惧症、经不起打击而自寻短见、对一个老师恨之入骨、活着没有任何意思等不良心理的同学，他如何会成为一个成功的人呢？就像人们常说的：你不能改变事实，但你可以改变心态；你不能改变环境，但你可以改变自己；你不能改变过去，但你可以改变现在。心态就掌握在我们自己的手中，只有拥有积极的心态，才能具备成功的条件。

平和的心态是青少年走向成功的第一步

20世纪70年代末的时候，在赫赫有名的德国哥廷根大学里，有一位名叫高斯的学生，当时他才19岁，却有着难得的数学天赋。每天，他都要完成老师布置的三道数学作业。这一天，他又专心的投入到了数学题。前面的两道题很顺利的就完成了，可是，第三道题，却让他思考了好久。这道题的要求是：只用圆规和一把没有刻度的直尺，画出一个正17边形。他用尽所学知识都没有得到一丝进展。直到最后，他决定用超出常规的方法去解答这道数学题。第二天，一进教室他就把作业教给了导师。导师看过第三题后，表现得十分惊奇，并不可思议的问道："这真的是你做出来的吗？"高斯回答："是我做出来的，我用了一整夜的时间才找出答案的。"导师激动的欢呼着，并大声喊道："你解开的不仅仅是一个数学题，而是一个有两千多年历史的数学悬案！"原来，这位导师用了很多年的时间去解这道题最终都没有结果，而他最后也只是阴差阳错的把这道题交给了高斯。从此，高斯便被人们称为"数学王子"。多年以后，高斯回忆说："如果拿到这道题时就知道两千年来无人能解，我也许永远也没有信心解开它。"

不难看出，影响我们人生的绝不仅仅是氛围，心态才是行动和思想控制者。任何成功者都不是天生的，成功的根本原因是开发了人的无穷无尽的潜能，只要你抱着积极心态去开发你的潜能，你就会有用不完的能量，你的能力就会越用越强。因为，心态决定了你的视野、事业和成就。相反，如果你抱着消极心态，不去开发自己的潜能，那你只有叹息命运不公，并且越消极越无能。

一个人能否成功，就看他的心态。人在成功与失败之间的差别是：成功人士始终用最积极的思考、最乐观的精神和最辉煌的经验支配和控制自己的人生。失败者则刚好相反，他们的人生总是受过去的种种失败与疑虑引导支配。其实，我们的生活并不完美，但是也并不悲惨，只要调整好自己的心态，就可以开心地投入生活。

心态是否健康，在很大程度上决定身体能否健康，决定学习能否优秀，决定生活能否美好。可以说，如果我们想改变自己的世界，改变自己的命运，那么首先应该改变自己的心态。只要心态是正确的，我们的世界也会是光明的。

很多青少年反映，保持良好心态的重要性谁都知道，问题是不快乐的事情总是追着我们，躲都躲不过去。这时，如果你能把兴趣和愉快这两个好情绪调动起来，那么你就会经常处于积极的情绪当中了。

小提示：

你的梦尽管遥远，却也真实。给自己一点信心吧！是山，就应该有山的坚韧；是海，就应有海的浩瀚。"年年岁岁花相似，岁岁年年人不同。"青少年的心态林林总总，如云多变，即便如此，你也得坚信：你不能延长生命的长度，但可以扩展它的宽度；你不能控制风向，但可以改变帆向；你不能改变天气，但可以左右自己的心情；你不可以控制环境，但可以调整自己的心态。"心有多大，舞台就有多大"，自己的心态自己做主，自己的命运自己掌握。

# 3. 心态决定行动的成败

青少年朋友们，很多人都在意过去和现在，甚至是将来，有的人认为，过去是一个不堪回首的过去，是一个失败的过去，而现在也不是理想中的现在。所以，由于自己的种种消极想法而导致行动的被动。青少年朋友们，过去不等于未来。过去你成功了，并不代表未来还会成功；过去失败了，也不代表未来就要失败。因为过去的成功或失败，只代表过去，未来是靠现在决定的，是靠现在去努力奋斗的。

### 心态是银，行动是金

青少年朋友们，只有行动，理想才能变为现实；只有行动，才能一步一步靠近成功；只有行动，才会有结果。行动的重要性人皆共知，只要你认真回想和总结自己的一生，你就会发现，你的所有成功、所有收获，哪怕是最小最细微的，都是行动的结果。从小时候，你刚生下来时的牙牙学语，到试着跨出人生的第一步，到你走上社会，在人生的大海里畅游，练得一副好身手，无一不是行动的结果。

在生活中，不同心态的人对行动就有着不同的理解，不同心态的人就会有不同的行动。有的人行动是在迫不得已时，才跨出一步半步；有的人则以积极的姿态时时刻刻积极行动。同样都是行动，但这两种不同的行动态度、行动方式却会产生两种截然不同的行动结果，形成反差很大的两种人生。

据说，有兄弟两人，家住在农村，他们几乎同时看到政府的富民政策给农村带来了巨大的变化，农民开始摆脱了过去那种自给自足的生活方式，穿衣戴帽都趋向了商品化。于是，他们决定每人办一个制衣厂，兄长说干就干，当他做出决定后，就马上行动了起来，买来了缝纫机，请来了师傅，采购了布料，不出半个月产品就打向了市场；弟弟则行动迟缓，他想先看看兄长干得结果如何，然后再决定行动与否。

刚开始的时候，兄长开办的制衣厂曲曲折折，并不是太顺利，产品销路也不很广泛。于是，弟弟看了此种情况以后，觉得自己很明智。然而，经过半年多的摸爬滚打，兄长的制衣厂生意日渐兴隆。这时，弟弟后悔不迭。经过他的再三考虑，他最终还是办起了制衣厂。然而，先机已失，他至今仍然没有自己的客户，只能为兄长的工厂做一些简单的加工。

兄弟两人都得到了机会，但是两人的心态则是不同的，兄长的行动准则是说干就干，弟弟的行动准则则是有了十成的把握再动手。积极行动的尽管没有十足的把握，但成功的几率却非常高；有十足把握的看似干起来稳妥，但这种稳妥往往却以失去机会作为巨大代价。我们固然反对干什么事都不管三七二十一，一味地瞎干，但我们更赞成、更支持、更强调瞅准了机会就毫不迟疑立刻行动。

青少年朋友人，心态与行动决定成败。这是一个非常平凡的成功事例，它和世界上那些无数的成就大事业的成功人士相比，可以说不足挂齿。然而，我们之所以以此为例，就是让所有的人要明白、让所有的人能看到，成功者就遍布你的周围。他或许就是你的朋友，他或许就是你的同学，他或许就是你的兄弟，他或许就是你的邻居，果真如此，那么你不妨去看看、去听听、去拜访拜访，看他们每天都在想什么、做什么，看看他们是不是一些积极行动的人。如果是，那么你就知道该怎么办了！立即行动起来，这就是你每天睁开眼睛时的祷告。

## 心态决定行动的成败

青少年朋友们，心态决定行动的成败。有人做了这样一个实验，把几只蜜蜂放进一个平放的瓶中，瓶底向光；蜜蜂们向着光亮不断碰壁，最后停在光亮的一面，奄奄一息；然后在瓶子里换上几只苍蝇，不到几分钟，所有的苍蝇都飞出去了。原因是它们多方尝试——向上、向下、向光、背光，一方不通立即改变方向，虽然免不了多次碰壁，但最终总会飞向瓶颈，脱口而出。由此可得，这只能是因为苍蝇比蜜蜂付出的行动多的缘故。所以，有一分行动，就有一分收获！

青少年朋友们，哥伦布是一位家喻户晓的意大利航海家，他发现新大陆后不久，有一天，在一次欢迎会上，有位贵族突然口出狂言：

"发现新大陆并没什么了不起，这不过是件谁都可以办到的小事，根本不值得如此张扬。"这位贵族继续说道："哥伦布不过就是坐着轮船往西走，再往西走，然后在海洋中遇到了一块大陆而已。我相信我们之中的任何人只要坐着轮船一直向西行，同样会有这个微不足道的发现。"

哥伦布听完贵族的话语之后，并没有表示丝毫的尴尬，只见他漫不经心地从身边的桌上拿起一个煮熟的鸡蛋，微笑着说："各位请试一试，看谁能够使鸡蛋的小头朝下，并竖立在桌上。"

在座的各位用尽了一切办法，结果却没一个人获得成功。哥伦布拿起手里的鸡蛋，用小头往桌上轻轻一敲，鸡蛋便稳稳地竖立在桌上了。

然而，那位贵族却说："你把鸡蛋敲破，当然就能竖立起来，用这样方法我也能够做到。"哥伦布起身很有风度地环顾着在座的每个人说："是的，世界上有很多事情做起来都非常容易，不过其中最大的差别，就在于我已经动手做了而你们却至今没有。"！

青少年朋友们，不管事情的结果怎样，只要我们尝试的去做是值得学习的！

小提示：

失败是成功之母，成功没有秘诀，就是在行动中尝试、改变、在尝试……直到成功。有的人成功了，只因为他比我们付出的劳动、遭受的失败更多，他们能在失败中总结经验和教训。

# 4. 你认为你行你就行

相信自己的能力，相信自己的思想，相信你内心深处的东西，那么，你就是天才。尽管摩西、柏拉图、弥尔顿的语言平易无奇，但他们之所以成为伟人，其最杰出的贡献乃在于蔑视书本教条，摆脱传统习俗，说出他们自己的思想。作为一个新时代的青少年，你应该学会更多的发现和观察自己内心深处的那一闪即过的火花，不只是仰望圣者的光芒。因为你认为你行，你就行。

**相信自己，对自己说"我能行"**

李白有诗云："天生我才必有用。"造物主对于每个人都是厚爱的。西方有句谚语说："上帝在给你关上一扇门时，一定会在另外一个地方为你打开一扇窗。"所以，你不要去羡慕别人，别人能够做到的，你也可以，相信自己，你就一定可以做到。

自信对于每个人来说，都是很重要的。相信青少年朋友都发现过这样一种现象，有时候老师在讲台上提出问题，让同学们来回答时，班里几乎没有人举手，或者举手的就是经常回答问题的那几个人。

这个现象是由于大部分同学是因为自信心不够而造成的，即使知道答案也不主动回答，你怕回答错误，你怕同学笑话，所以就不敢举手发言。其实，这种现象很不利于学习，甚至于会打消学习的积极性。也有的同学很怕考试，还没有考试就感觉自己肯定考不好，在复习的时候就不专心，考试成绩自然就不理想。还有的同学害怕做题，特别是数学题，也是在没有做之前，就想着放弃。这样，久而久之，就导致了学习的下降。

正确的思想应该是：相信自己。要对自己说：我能行。在学习或做事时，都抱着这样一种心态，还有什么事情是你做不成的呢？

有一位在校的年轻大学生，一天，他忽然发现，大学里的教育制度存在着很多弊端，于是，他向校长提出建议。但是，他的意见没有被校长采纳，他决定自己办一所大学，自己当校长，来完善大学的教育制度。

然后，他开始想，办大学需要很多钱，至少得 100 万美金。这些钱去哪里找呢？如果等到毕业再去挣的话，等自己挣到那么多时，也已经晚了。于是，他就每天在冥思苦想如何能拥有 100 万美金。同学们都笑话他有神经病，做梦天下也不会掉馅饼。但这位年轻人根本就不在意别人的不理解，他相信自己一定可以筹到这笔钱。

功夫不负有心人。终于有一天，他想到了一个办法。他打电话到报社，说他准备明天举行一个演讲会，题目叫《如果我有 100 万美元怎么办》。第二天他的演讲吸引了许多商界的人士参加，面对台下诸多成功人士，他在台上全心全意，发自内心地说出了自己的构想。

最后演讲完毕，一个叫菲立普·亚默的商人站起来，说："小伙子，你讲得非常好。我决定给你 100 万，就照你说的办。"

就这样，年轻人用这笔钱办了亚默理工学院，也就是现在著名的伊利诺理工学院的前身。而这个年轻人呢，就是后来备受人们爱戴的哲学家、教育家冈索勒斯。

天上确实不会掉下来馅饼，机会永远靠自己创造。相信自己，相信自己的能力，相信自己的才华，勇敢地在他人面前表现出来，你自然就会离成功更近一步。

庸者，相信别人，怀疑自己；愚者，相信自己，排斥别人；智者，相信自己，也相信别人。亲爱的青少年朋友，现在你还在怀疑自己吗？你是最优秀的！你是最棒的！你是天生的世界冠军！你应该爱惜你自己，你应该呵护你自己。除了你自己，没有人了解你真正的需求。你认为你行，你就行。

### 相信自己，体现人生价值

每个人身上都蕴藏着一股力量，每个人身上都隐藏着一种才能，每个人身上都存在着一项天份。人生的价值，可以由自己创造，可以由自己肯定。肯定自己的价值，并且成为别人的需要，不但能够产生自信，而且也会觉得幸福。除了你自己，没有人知道你内心的渴望。只有你自己，才是你命运的主宰。只有你自己，才是你生命的保护神。

有这样一个故事：数千年来，人们一直认为要在四分钟内跑完一英里是件不可能的事。不过，在 1954 年 5 月 6 日，美国运动员班尼斯特打破了这个世界记录。

让我们来看看他是怎么做到的。每天早上起床后，第一件事就是大声对自己说：我一定能在四分钟内跑完一英里！我一定能实现我的梦想！我一定能成功！就这样每天大喊一百遍，然后在教练库里顿博士的指导下，进行着艰苦的体能训练。

终于，他实现了自己的理想，用 3 分 56 秒 6 的成绩打破了一英里长跑的世界记录。更有趣的是：在随后的一年中，竟有 37 人在 4 分钟内跑完一英里。在随后的第二年中，进榜人员更高达 200 多人。

你看，每个人的资质大部分都是相同的，少的就是内心的那份自信，那份坚定，那份执著，那份追求。青少年朋友要养成一种自信的意识，敞开心扉去表现自己。如果不能充分表现自己，对于社会、对于自己的人生和未来将会是一个损失。有了这种意识，就一定可以使你产生伟大的力量和勇气来。

"人生得意须尽欢，莫使金樽空对月。"人生苦短，作为青少年，应该抱着快乐的心态去走自己的人生，自信就会在心底慢慢升起。你认为你行，你就行。只要有自信并奋发努力，成功就会属于每个人。

小提示：

唐拉德·希尔顿曾说过："许多人一事无成，就是因为他们低估了自己的能力，妄自菲薄，以至于缩小了自己的成就。"自信是建立良好心态的第一要素。在走向成功的路上，可以缺乏任何东西，但就是不能缺少自信。自信是一切行动的原动力，没有了自信就没有的行动。作为青少年，要对自己充满信心，你认为你行，你就行。

# 5. 用心态激发潜能

*1990* 年日本最畅销的 T 恤印着：我们是第一！而美国最畅销的 T 恤却印着：未达水准，足以为傲。不幸的是，有些人还觉得这样很好笑。我们认为这很可悲，它所显示的无疑是一种消极心态。为什么？因为，穿那种美国 T 恤的人极可能刚丢了饭碗。再者，应征工作的人若抱有此态度，就算不穿那件 T 恤，雇主见之也不大可能雇用他。

"不仅应征工作如此，人生也同样如此"。这是由作家兼演说家的海利所提供的一份资料表明的。海利曾指出合法移民美国的人成为百万富翁的几率，是土生土长的美国人的 *4* 倍。而且不管是黑人、白人或任何种族的人，不论男女，全无例外。下面的这个故事说明了这个道理：

*1992* 年 *7* 月 *10* 日，星期五，下午 *2* 时 *48* 分。美国航空公司 *874* 班机上来了 *4* 位奇怪的客人，她们是一位母亲和 *3* 个小女孩。这可能是她们头一次搭飞机。那位母亲走在最前面，一手抱着婴儿，另一手牵着一个孩子，她们迅速地朝机尾方向走去。

另一个大约 *4* 岁的孩子走在最后面，落后了好几步。她一登上飞机，就注意到她的正前方有个服务员在准备午餐。她在走道上停下脚步，弯着她的两双腿，手放在膝上，对着迅速搬进餐盒的两名服务员，专心地望了好一会儿。然后慢慢转过头去，看着左侧的机舱。可以看出，她对眼前所见的一幕——三个身穿制服、肩上有好几杠的人物，极感兴趣。在她面前的是两根控制杆、两个机轮、无数的灯光，以及她以前从未见到的许多电子仪器。

她聚精会神地凝望了好一阵子，然后慢慢转过头来，两只蓝色眼睛睁得又大又圆。在她面前出现了一道长长的机峰，全部座位同时都空着没人坐，她可以一眼由机头望到机尾。当她从长长的走道望过去时，口中吐出了两个字眼："天啊！"

合法移民来到美国，说的也正是这句话。眼前的一切着实令他们难以置信。大部分情况下，他们所见到的是无法想象的美丽、豪华与遍地的机会。他们以"天啊"的积极心态面对一切。他们惊讶地看着报纸上数不清的求才广告，然后马不停蹄地四处应征，来找一份工作。他们知道自己赚的是最低薪资，但美国的最低薪资和其他国家比起来，已是最高薪资。典型的移民在生活上都力求简单便宜，若有需要，还会找到两份工作。他们做起事来格外勤奋，开支尤为节俭，所有钱都存下来。

摆在他们面前的，是在全球首强国度生活、工作、成长、寻求成功的机会。且毫无例外的，几乎每个人都衷心感谢美国以及它所提供的机会。

所罗门说得好："勤奋者必能致富。"百万富翁与一般人的最大差异就在于有无奋发的心态。有了那种心态，便会工作得勤勉。

移民成为百万富翁的几率之所以是非移民的 4 倍，是因为他们来美之际都抱着一种希望、兴奋及感恩的心态。

不幸的是，许多美国人一早起床，环顾四周，他不说"天啊！"，反而不屑地吐出一句："有什么了不起！"一心想白吃午餐，或是一夕致富。好吧！朋友，在这里要告诉你的是，这样的生活态度在这个国度里，的确是成不了什么大事。

我们应该立刻保持那位 4 岁小女孩或成千上万移民的心态，然后说出："天啊！"不但如此，他还指出，将这个心态运用在我们的生活中，一定可使人生无限丰富。

积极的心态是一种有效的心理工具，如果你认为你自己能够发挥潜能，它能使你产生错觉，从而使你如愿以偿。体坛名将就是这样做的。

一名作为世界级冠军的射手，举起他的弓，眼睛锁定 30 码外的靶心。此时此刻，心无旁骛，除了红心以外，没有任何事可以吸引他的注意力。他拉紧了弦，眼睛注视目标，沉静而迅速地扫视一遍自己的身体及心理状态，若感觉有一点儿不对，他就放下弓放松，再重新拉一次。假如一切都检视无误，他只要瞄准靶心，放心地让箭飞出去，就有信心它会正中红心。

这种冷静的信心、十足的状态，是否仅为体坛的超级巨星所持有，倒也不尽然。只是当体坛明星处于这种最佳竞技心态时，他才可能赢得胜利。而当他心态不佳时，则一扫平日的威风，会输给名不经传的小字辈。同样，即使一位平时成绩平平的运动员，当他处于最佳心态时，他就可能干出惊人的成就，打败那些状态不佳的明星们。这种状态即心态，在事实上是人人都有的，你或许有些经历而不自知。

从某种角度来说，我们都是射手，都想在生活中一射而中，假想我们锻炼肌肉神经系统，将箭射向靶心，为什么我们不能每次都如愿呢？

这到底是怎么啦？我们又没改变，应该是一如既往才对，怎么会前一会儿还眉开眼笑，后一阵子就哭丧着脸？为什么连一流的运动员都会有得心应手之后，连着多日投不进一球、击不出一次全垒打的情形？

差别就在于我们处于不同的心态。在积极进取状态（即积极心态）时，有自信、自爱、坚强、快乐、兴奋，让你的能力源源涌出。在瘫痪状态（即消极心态）时，有多疑、沮丧、恐惧、焦虑、悲伤、受挫，使你浑身无劲。就是这样，我们每个人在好坏状态之间进进出出。你可曾有过进了一家餐厅，女招待不耐烦地说："要什么！"的经验？你认为她一直是这副脸色吗？有可能是她的生活困顿，使她有这副态度；但更可能是她忙了一整天去招呼客人，再加上几个客人未赏小费。其实她人并不坏，只不过是处在颓丧的心情罢了。如果你能改变她的心态，就能改变她的态度。

我们的身心状态可说是受制于神经系统中，千百万神经活动的总和结果。这些活动乃是各种感觉器官将所测得的外界资料在脑中处理的过程。我们对于大部分身心状态是怎么发生的并不知道，因为当我们一接到各样的事情，就会立即有相对的状态产生，这个状态可能是消极无力的也可能是积极奋发的，只是大部分的人不知道如何控制这些状态的发生。

你可曾有过这样的经验。突然记不起一位熟悉朋友的姓名？或者一时忘了某个字的笔画？怎么会有这样的现象？你明明知道那个朋友的姓名，也知道那个字该怎么写，可就是当时记不起来了，难道说你笨吗？当然不是，那只是你当时处在笨的状态罢了。

事情做得好坏的差别不是有没有能力，而得看当时身心所处的状态（即心态）。你可以有马华·柯林斯的勇气和毅力、也可以有舞王佛雷·亚斯坦的典雅、更可以有诺兰·雷恩的体力和耐力以及有爱因斯坦的聪明和才智，然而若是你一直使自己的身心处在"低落"状态的话，就永远别想能够有发挥潜能的一天。若是你知道如何进入积极状态的奥秘，那么就必然能做出你意料之外的成绩出来。

任何时刻，你的认知都受制于当时的状态，而这时的认知便会影响你随后的想法和做法，换句话说，你会有什么样的行为跟你的能力无关，而是跟你当时的身心所处的状态有关。因此你若是想改变自己做事的能力，那么就改变自己当时身心所处的状态，这样便可以把蕴藏的无限潜能一一发挥出来，做出惊人的成就。

# 6. 充分挖掘自己的潜能

潜能，是人先天固有的一种禀赋条件和内在质地，人的大脑都蕴藏着巨大的学习和创新潜能，而且人的潜能是可以开发的，其所蕴含的潜在能力是人们所在地不能估量的。作为当代的青少年，正是处于学习和开发潜在意识的最佳阶段，所以我们不能忽视它的重要性，如果你充分发挥了自身的潜在能力，你就会萌生出新的创新思维和创新行动。当今社会正是科学飞速发展的时期，科学发展离开不创新意识。因此，挖掘自身的潜能也正是刻不容缓的。

### 激发潜能，才能不断创新

人类的潜能意识有着超乎寻常的能力，几乎可称之为全然未知的超意识能力。古今中外，那些被世人铭记于心的成功人事，他们的灵感、直觉、念力、预知力都是潜在能力的具体表现。他们就是因为开发了自身的无穷无尽的潜能，才会有了今天的成就。人体内中所隐藏的潜在力量，是一种超越时间、跨越空间，与无限境界直连结的能力，人们只能用奇迹或超能力来解释这种神奇的力量。如果一个人懂得如何去充分的挖掘自己的潜在能力，那么几乎就没有达不到的愿望。

人的内在潜能常被人传得神乎其神，而且有人还认为小孩的潜能是人们所不能衡量的，其实不然，据相关研究人员表明：人的潜能是以往日常遗留、沉淀、储备下来的能量。就如，小孩生下来就要学会走路，成长时期每天都在走路，到了成年的时候，他用脚走路的潜能就是自小学走路所沉淀下来的能量。曾有人报道，有一个人为了逃命跨过了宽达 4 米的悬崖，所以说在某种环境下，在某种压力下，人们的潜能就会充分发挥出来，创造出不可预知的奇迹。

曾有这么一个报道，有一位农夫他的儿子年仅 14 岁，对开车非常着迷，但是还不够资格考驾照，于是他的父亲也就是这位农夫教他如何驾驶。父亲注视着在前面一辆轻型卡车快速地开过他的土地，但是刚学开车的儿子技术不过硬，突然间翻到路边的河里去了，看到这一幕后他大为惊慌，急忙飞奔到河边，他看到自己的儿子已被车压在下面，躺在那里，而且已经快被河水淹没了，只留下头的一部分在外面。农夫看起来并不高大有力，他仅有 170 公分高，70 公斤重。但他还是毫不犹豫地跳入河中，将车子一下子抬高起来，但压在下面的儿子还是没能动弹，只能等到有人来帮忙，而农夫也一直双臂抬着车边，直到有人来把自己的儿子救出。

很快当地的医生就赶过来，给男孩了一个全面检查，只是一点皮外伤，并无大碍。此时，农夫开始觉得奇怪起来，刚才下河中抬起车子他根本就没想过自己能不能抬起来，好奇的他，就再次试着去抬车子，但是那辆车子纹丝不动。很多人说这是奇迹，但根据医学研究来说，可能是身体机能对紧急状况所产生的肾上腺分泌出大量的激素，传至整个身体，所产生的具大能量。

现实生活中，我们确实能了解到许多这些类似农夫的"超人"。处于这种状态的人，也可能是由于自身的心智反映，他的心智驱逐自己要去做使人们超乎想象的事情。也可以说是精神上的肾上腺所引发出的潜在力量。

确实，人的心智也是发挥具大潜能的重要动力。许多成功的人物之所以能够实现他们的梦想，主要是因为他们有渴望成功的心智。佛经也说："我们一切的表现，完全是思想的结果。"可见心智具有决定命运和结局和力量。所以作为生长中的青少年，要有求知的那种渴望心态，有渴望成功的意识，这样才能激发自身的潜在能力，去创造新的发明、新的见解、新的科学定论。

潜能是每个人所独有的无价之宝

每个人所拥有的潜能到底有多大，我们又能发挥多少呢？这些问题可能很难回答上来，据科学家的研究证实，人的一生只用去其脑力的1%，而剩下的99%的潜能有待挖掘。但是很多人都有惰性，不喜欢去动脑，所以就发挥不出自己的潜能，让这独有的"无价之宝"变成了"无价费品"。

人们的潜在能力是不可限量的，但可惜的是，没有太多的"机会"发挥自己的潜能。所以，我们青少年在日常的学习生活中，更应该学着逼迫自己，多动动脑筋，充分发挥自己的想象力。很多的潜在能力都是靠自己挖掘出来的，那些优秀的人都更懂得如何发挖掘自己的潜能。不要小瞧自己的能力，不要自己限制了自身的发展和创新，不要以自己一点小小的成就就认为自己已达到最高点，这只会白白浪费了自己的才能，错过无数的推前创新机会。

英国小说家毛姆曾说过："人生实在奇妙，如果你坚持只要最好的，往往都能如愿。"做事保持一颗恒心，不屈不挠，才能梦想成真。现今，我们所使用的千百种发明不都是人所发挥的潜在意识，充分的想象才得出的成果吗？玉不琢不成器，人的潜能也一样，如果不去挖掘就如一潭死水，日久会生锈。所以我们应该时刻的"刷新"自己，不要让自己的能力成为陈铁烂锈，一无是处！

小提示：

潜能是人类最大而又开发得最少的宝藏，在我们许多常人身上，都没有最大的发挥出来。我们只用了蕴藏能力的 1%，与之相比，我们只不过是半醒着的。如果我们能发挥大半的脑功能，那么就可以容易的学会 40 种语言，通篇背下整本百科全书，拿下 12 个博士学位。所以不要浪费了我们的具大潜能，让这"无价之宝"充分发挥它的作用吧！

# 7. 敢于突破思维定势

在学校长时间学习的青少年，难免会对一些事情或一些题型形成一定的固定思路，很容易思维定势。这种思维定势对青少年而言，一方面具有一定的积极作用，可以给学生提供现成的分析和解决问题的途径；但另一方面也会使青少年的思维越来越趋于程式化、模式化，以至于一些事情或一些题型的条件稍加改变，青少年就感到束手无策，陷入思维困境。

突破思维定势，创造新的奇迹

对于青少年而言，所谓的定势思维就是指，个人在日常生活中认识事物时，由一定的心理活动所形成的某种思维准备状态。它直接影响或决定了后继思维活动的趋势而形成的现象。

同时，学习的迁移理论又告诉青少年朋友：已有的知识和学习经验对于新问题的解决总会产生各种影响。其中有积极的影响，也有消极的影响。思维定势容易使我们产生思想上的妨碍，久而久之就会使人养成一种呆板、机械、千篇一律的解题与做事的习惯。当新旧问题形似质异时，思维的定势往往会使我们步入误区。要想突破这一呆板、单一的思维定势，就要求青少年在学习中既要注意通性通法的学习，又要具体问题具体分析，敢于突破思维定势，敢于创新，提出自己独到的、与众不同的见解。

在我国古代有这样一个故事，一位母亲有两个女儿，大女儿开染布作坊，小女儿做雨伞生意。每天，这位老母亲都愁眉苦脸，天下雨了怕大女儿染的布没法晒干，天晴了又怕小女儿做的伞没有人买。但是，一位过路人就开导她说："雨天，你小女儿的伞生意做得红火，晴天，大女儿染的布很快就能晒干。"于是，这种突破思维模式的想法，使这位老母亲眉开眼笑，活力再现。故而，在创造发明的路上，更需要这种突破思维的模式。如果青少年朋友在平时的学习生活中能不受思维定势的局限，就可以创造出许多意想不到的"奇迹"。

学校中，大量的教学实践都发现，青少年之所以在平时会出现许多解题失误，都是由不良的思维定势造成的。大家都知道：不同的事物之间既有相似性，又有差异性。定势思维所强调的是事物间的相似性与不变性。

但是，日常生活是多彩的、千变万化的，当一个问题的条件发生质变时，思维定势就会使我们墨守陈规，难以涌现出新思维，做出新决策，造成知识的经验的负迁移。特别是当新旧问题交替出现，差异性起主导作用时，由旧问题的解决方法所形成的思维定势则往往有碍于新问题的解决。

有一道趣味题是这样的：有四个相同的瓶子，怎样摆放才能使其中任意两个瓶口的距离都相等呢？（注：四只瓶子不可放一块儿）

一般情况下，许多青少年朋友都会按固有的思维模式去任意摆弄四个正立的瓶子。要想解决这个问题就要敢于打破固有的思维定势。原来，将其中三个瓶子的瓶口放在正三角形的顶点上，将第四个瓶子倒过来放在三角形的中心位置，答案就出来了。将第四个瓶子"倒过来"，是解这道题的关键所在。

在一定情况下，养成敢于突破思维定势习惯是青少年学习中最宝贵的价值。它是我们认识新事物，接受新知识的一种挑战；是对事物认识的不断深化，并由此产生"原子核"般的威力。所以，青少年朋友应当在平时自觉养成勇于突破固有思维定势的良好思维习惯，从而创造出更多的奇迹。

突破思维定势，灵活解决问题

其实，定势思维是一种习惯性的神经联系，即前次的思维活动对后次的思维活动有着指导性的影响。所以，当两次思维活动属于同类性质时，前次思维活动会对后次的思维活动的产生起正确的引导作用。当两次思维活动属于异类性质时，前次思维活动会对后次思维活动起错误的引导作用。所以，当所有的思考都涌向某一方向时，聪明的人就会打破固有的模势，清醒地反思一下，看看还有没有别的思路。因为，创造需要的是独特的智慧，而不是简单的随大流。

有这样一个故事：为了让学生在平时养成敢于突破固有思维定势的良好习惯，有位老师在课堂上问一位学生："如果两个人掉进了一个大烟囱，其中一个身上满是烟灰，而另一个却很干净，那么他们谁会去洗澡？"

那位学生很不以为然地回答："当然是那个身上脏的人！"

老师嫣然一笑说："错！那个被弄脏的人看到身上干净的人，认为自己一定很干净，而干净的人看到脏人，认为自己可能和他一样脏，所以，身上干净的人要去洗澡。"接着老师又问："后来两人又一次掉进了那个烟囱，哪一个会去洗澡？"

学生听了皱了皱眉头："这还用回答吗，是那个干净的人！"

老师又是一笑说:"又错了,干净的人上一次洗澡时发现自己并不脏,而那个脏人则明白了干净的人为什么要去洗澡,所以这次脏人去了。"接着老师又问道:"他们如果再一次掉进烟囱,哪个会去洗澡?"

那位学生支支吾吾地迟迟说不上答案,这时,班上的学生开始议论开了,有人说,那个干净的人会去洗澡,有人说,是那个脏人。

后来,老师又是一笑:"你们都错了,你们谁见过两个人一起掉进同一个烟囱多次,结果还是一个干净、一个脏的事情?"

对于上面的问题,许多人都认为"身上脏了的人才会去洗澡",就是这个固有思维定势会不由得引导我们墨守陈规地解答这个问题。这就是思维定势对我们造成的负面影响。其实,对于日常生活中的某些问题,尤其是一些特殊的问题,要敢于打破固有的思维定势,当你在脑海中建立新的思维体系后,问题就会迎刃而解。

小提示:

青少年在同类知识的学习中,有时候往往会思维敏捷,作答迅速,即使是智商较低的学生也能顺利地完成学习任务,这就是思维定势在起作用。它固然可以提高青少年同类问题的解答速度,但是,也会因固定方法的限制,而妨碍对新课题的具体分析,影响学习效率。这就要求青少年在平时的学习中要敢于更换旧思路,广开新思路,剖析错例,深化概念,敢于突破思维定势,提高自己的学习效率。

# 第二节 实施做法

## *1.* 做到学与实践相结合

人类进入二十一世纪，知识经济的时代已经来临。知识经济时代的竞争，说到底是人的素质与能力的竞争。在这样的时代里，能力已成为一种不折不扣的资源。而能力的来源就是通过自己不断地学习与实践积累来的。所以，青少年在学习中，要不断地将书本知识与实际动手能力结合起来，使自己的知识能力与实际能力同时提高。

学习的最终目的是为了运用，而只有那些善于把所学知识运用到实践中去的人，才是一个真正优秀的人，他的生活才会过得快乐、安全、自由。当青少年具备了学以致用的好习惯以后，就会在生活中积极地把学习和实践结合起来，以学习促进实践，以实践带动学习。从而变成一个对社会有用的人才。

学以致用

学习的目的应该是学以致用，因为学以致用才是学习的至高境界。青少年的学习更是如此，理想的学习状态应该是有反馈的学习，而不是僵化的接受。因为知识可以创造无穷的价值，但只有学以致用才能体现知识的价值，如果我们脱离现实，只能让我们的知识变成乌托邦，让我们的理想变成乌托邦，让我们的追求变成乌托邦，最终只会害了自己。这对于正处于接受知识教育的青少年来说是极为不利的。

其实，大多数青少年是缺乏学以致用的习惯和意识的。如果青少年能够在日常的生活当中，把自己学到的知识灵活的运用起来，就会逐渐的培养自己对知识的应用能力，那么，在下次遇到困难的时候，就会习惯性地采取行动，运用自己身上潜在的实践能力来解决问题。由此可见，学以致用是一种能力。

学到的知识不能经过自己的思维整合，不能经过归纳，总结，引申，牵延等种种方法，在头脑中形成一个知识的有机链接，就不能称之为自己的东西，所学的从前门进入，徘徊一圈又从后门出去了，根本没有知识的积累。长此以来，一部分青少年就会越学越吃力，造成恶性循环。所以，青少年应该把学以致用变成自己的一种能力。

当你能够把学以致用变成一种学习的能力的时候，你就成功的掌握了正确了一种学习方法。学以致用不仅是一种很好的学习习惯，更重要的学以致用还是一种正确的学习方法，如果能够把学以致用真正的弄懂弄明白，那么接下来的学习将会变的很轻松。

从学习中懂得人生，从学习中懂得实践。然后养成一边学习，一边实践的好习惯，青少年的人生才能在不断的学习和不断的实践的过程中变得更加精彩。所以，青少年在学习中应追求更高的学习境界，然后使学习成为一件愉快的事。

实践出真知

世界上有些事情只有当自己亲自去实践过才会发现其中的奥妙。了解自己不了解的、不知道的事情，未尝不是一件好事。所以伸出你的双腿走出去，到实践中去找寻你的答案。对于青少年则更是如此。唯有实践才能出真知，所以在学习的过程中，青少年就要努力地把所学的知识运用到实践中去，学以致用，这样可能会有更多的收获。

有这么一则寓言，说是有一个哲学家要过河，所以他就去河边叫一个船夫。在过河期间，他想向船夫炫耀一下自己的博学多才，就问船夫："你懂数学吗？""不懂。"船夫说。"你的生命的价值失去了三分之一"，哲学家说。"你懂哲学吗？""更不懂。"哲学家感慨到："那你的生命价值就失去了一半！"

过了一会儿，过来一个巨浪，一下子就把船打翻，哲学家掉在河里。船夫就问："你会游泳吗？""不会，不会！"船夫说："那你的生命价值就失去了全部！"

故事中的哲学家虽然自己满腹才学，但是却连最根本的自救都不会，最后也就丧失了宝贵的生命。连一点儿社会实践都没有，还去高谈阔论自己的才学。其实，不懂得实践的人，就算你有再大的能力，在实践面前，将永远是一个零。

青少年只要懂得实践出真知的道理，就会在实践中不断的提高自己，因为纸上的知识得来的终会觉得浅，要想知道究竟是怎么回事，还是得躬行。其实不听不如听之，听之不如亲眼所见，眼见不如认识懂得，认识不如亲手变革的行动，学习达到了会干、会做的程度，就到头了，会做、会干就意味着认识了、懂得了。这段话隐喻了知与行的关系。所以我们应该懂得所有真正的道理都是在实践中得来的。

青少年是祖国的未来，祖国的未来，唯有永远的学习，才能够让自己立于不败之地。更重要的是要让学习和实践相结合，这才是学习是最高境界。用知识创造生活，你的人生就会树立起永不沉沦的风帆。

毛泽东也这样说过："你要有知识，你就参加变革现实的实践。你要知道梨子的滋味，你就得变革梨子，亲口吃一吃。"由此可见，学会把知识和实践相结合是人们学习的一个必然要求，也是一种必备能力。否则，大脑里的所有知识就没有意义可言。

# 2. 大胆地进行创新

创新是一个国家和民族发展的不竭动力，它不断地推动我们的社会向前发展，可以说从地球上出现人类的那一刻起，创新就从未停下过它的脚步。

爱因斯坦就是一个成功的创新者，他在 25 岁时敢于打破权威圣圈，大胆突进，提出了光量子理论，为物理学做出了突出的贡献，随后他又不顾一切锐意破坏了牛顿的绝对时间和空间的理论，创立了影响世界久远的相对论，成为创新界的典型。

著名的作家鲁迅说过："我们要感谢敢于第一个吃螃蟹的人。"是的，有了创新，社会才能进步；有了创新，人类才能创造成功。进入 21 世纪的知识经济时代后，创新越发地显示出它在新世纪中的伟大意义和作用，对于国家的栋梁之材——青少年来说，创新又是什么？它意味着什么？

大胆创新，就会有奇迹发生

在经济快速发展的今天，几乎人人口中都在呼吁创新。那么，什么才叫创新？创新是科技得到发展的动力和源泉，是知识经济社会的灵魂。一个没有创新精神的民族，根本难以招架知识经济的哪怕一点点挑战。

青少年是国家未来的希望，是全面建设小康社会的主力军，倘若他们不懂得创新，不敢于创新，那么我们的国家还谈何发展？谈何赶超世界先进水平？撇开这样一个大的范围，缩小到每个青少年的身边，相信每个人都十分渴望成功，但是想要取得成功又谈何容易？所谓"谋事在人，成事在天"，如果一个人不具备成功的最基本前提——创新，那么他个人的成功就无法获得，还拿什么来报效国家呢？

可能有些青少年会认为，创新的能力是与生俱来的，自己天生就不具备这样的能力，是不可能创造奇迹的，这种想法实在是大错特错。创新的能力并不是生来就有的。当然，这种能力和先天性确实有着不可分割的联系，但并非所有的创新能力都是由先天性决定的，它必须要有一个知识积累、社会积累的过程。可以说，一个人创新能力有很大一部分是在后天的锻炼中形成的。因此，过去不成功不代表未来不成功，现在成功也并不代表以后还会成功，只有不断创新，才能有持久的辉煌。

我国著名的画家齐白石先生，原本只是一个名不见经传的小木匠，出于对画画的热爱而发奋练习，在没有拜师的情况下，靠着坚强的毅力自学成材，最终成为国际上知名的画家大师，还获得世界和平奖。不过，面对如此大的成就，齐白石老先生从来没有满足过，他不断地汲取历代名画家的长处和亮点，并将其运用在自己的作品中，从而改变自己作画的风格。他60岁以后所作的作品风格，的确明显地不同于60岁以前的风格，到了70岁以后他的画风又改变了一次，80岁以后再次出人意料地改革创新。总之，齐白石先生一生都在不停地改变画风，出其不意地进行创新，据说他的一生共五易画风，也正是因为齐白石在成功后仍然马不停蹄，努力进取，所以他晚年的作品才更加成熟，自成一派。

齐白石先生的所作所为告诉我们：只有不断创新，才能持续成功。青少年要想让自己具备创新的精神，就得不断地培养自己的创新意识，平时多在老师的指导下或自己动手组织一些小创新、小发明活动，也适当地锻炼一下自己的创造性思维和动手实践能力。不要总是局限于某一行为模式，要明白只有敢想敢闯敢干的人，才能够更快更好地适应这个科技日新月异的现代社会。

因为创新，所以精彩

有人说过这样一句话："改变你的想法，才能改变你的世界。"是的，只有跳出传统思维模式的框框，心中的天地才能广阔无垠，画地为牢，只能将自己牢牢地困在一个圈子里，如同一个井底之蛙，明明是自己愚蠢却还嘲笑他人的无知。

1968 年，全世界瞩目的奥运会在墨西哥举行，美国一位年轻的跳高选手迪克·福斯贝利，出人意料地在比赛时采用背对跳杆的方式，令在场所有的人都惊奇不已，因为当时的跳高选手全部都是采用由来已久的俯卧式跳高。结果，当成绩揭晓的时候，他技压群雄，赢得了那一届奥运会的跳高金牌，从此也打破了旧有的跳高模式，彻底使这项运动得到了创新。事后，记者们纷纷采访迪克·福斯贝利，他说道，在接受训练的时候，他就不断地在思考一个问题：跳高难道只有俯卧式这一种跳法吗？我能够想出更好的方式吗？于是接下来，他就开始不断地做试验，企图解开心中的疑惑，结果他找到了，最终也成功了。迪克·福斯贝利敢于对传统的跳高方式进行改革创新，使他从一个崭新的、横向的角度赢得了成功。

迪克·福斯贝利的做法让我们看到了创新的力量，看到了成功的因素。其实不仅运动是这样，不管做任何事情，要想取得成功都离不开创新精神。创新有时候就是那么灵光一现，偶尔一个奇思妙想也许就能够创造奇迹，成为创新的来源。不过，奇思妙想并不等于是胡思乱想，更不是白日做梦，只有思维活跃、不断进取的人，才能正确地把握自己。

相信每个青少年都渴望自己能够开拓一条成功大道，在这条道路上人人都是平等的，能否走得尽头就看你的目标是否远大，你的思维是否足够开阔，你的梦想是否足够大胆。只有敢于拼搏，敢于创新，敢于和成功者对擂的人，才是人生当之无愧的强者，纵然最终没能取得成功，但至少可以从成功者那里学到想要的知识，为以后的成功奠定基石。

拥有创新的智慧就是拥有了一笔巨大的无形资产。在很多时候，停滞不前不是因为没有努力，而是因为墨守成规，以至于无法适应外界的变化。对于青少年来说，要想创新就必须培养自己敏锐的洞察力，同时还要不断地积累各种知识，只有这样才能让自己真正拥有创新的意识与勇气，才能在未来的人生道路上用你们创新的智慧创造出精彩的人生！

# 3. 坚定行走在成功路上

成功意味着许多美好、积极的事物。

成功就是生命的最终目标。

人人都想要成功。每一个人都想要获得一些最美好的事物。没有人喜欢巴结别人，过平庸的生活。也没有人喜欢自己被迫进入某种情况。

最实用的成功经验，可在《圣经》的章节中找到，那就是"坚定不移的能够移山的信心"。可是真正相信自己能移山的人并不多，结果，真正做到"移山"的人也不多。

有时候，你可能会听到这样的话："光是像阿里巴巴那样喊'芝麻，开门！'就想把山真的移开，那是根本不可能的。"说这话的人把"信心"和"希望"等同起来了。不错，你无法用"希望"来移动一座山，也无法靠"希望"实现你的目标。

但是，我们应该知道：只要有信心，有积极的心态，你就能移动一座山。只要相信你能成功，你就会赢得成功。

关于积极心态的威力，并没有什么神奇或神秘可言。积极心态起作用的过程是这样的：相信"我确实能做到"的态度，产生了能力、技巧与精力这些必备条件，每当你相信"我能做到"时，自然就会想出"如何去做"的方法。

全国各地每天都有不少年轻人开始新的工作，他们都"希望"能登上最高阶层，享受随之而来的成功果实。但是他们绝大多数都不具备必需的积极心态，因此他们无法达到顶点。也因为他们相信自己达不到，以致找不到登上巅峰的途径，他们的作为也一直只停留在一般人的水平。

但是还是有少部分人真的相信他们总有一天会成功。他们抱着"我就要登上巅峰"（这并不是不可能的）的积极心态来进行各项工作。这批年轻人仔细研究高级经理人员的各种作为，学习那些成功者分析问题和作出决定的方式，并且留意他们如何应付进退。最后，他们终于凭着坚强的信心达到了目标。

积极心态是成功的秘诀。拿破仑曾经说过："我成功，是因为我志在成功。"如果没有这个目标，拿破仑必定没有毅然的决心与信心，当然成功也就与他无缘。

积极心态对于立志成功者具有重要意义。有人说：成功的欲望是创造和拥有财富的源泉。人一旦拥有了这一欲望并经由自我暗示和潜意识的激发后形成一种信心，这种信心便会转化为一种"积极的心态"。它能够激发潜意识释放出无穷的热情、精力和智慧，进而帮助其获得巨大的财富与事业上的成就。所以，有人把"积极的心态"比喻为"一个人心理建筑的工程师"。生活中，积极心态一旦与思考结合，就能激发潜意识来激励人们表现出无限的智慧的力量，使每个人和欲望所求转化为物质、金钱、事业等方面的有形价值。

牛顿毫无疑问是世界一流的科学家。当有人问他到底是通过什么方法得到那些非同一般的发现时，他诚实地回答道："总是思考着它们。"还有一次，牛顿这样表述他的研究方法："我总是把研究的课题置于心头，反复思考，慢慢地，起初的点点星光终于一点一点地变成了阳光一片。"正如其他有成就的人一样，牛顿也是靠勤奋、专心致志和全身心地投入才成为成大事者的，他的盛名也是这样换来的。放下手头的这一课题而从事另一课题的研究就是他的娱乐和休息。牛顿曾说过："如果说我对公众有什么贡献的话，这要归功于勤奋和善于思考。"另一位伟大的哲学家开普勒也这样说过："正如古人所言'学而不思则罔'，对此我深有同感。只有对所学的东西善于思考才能逐步深入。对于我所研究的课题我总是穷根究底，想出个所以然来。"

全身心地投入是成功的步骤中非常重要的一步。所以你必须抛弃一切杂念，将精力投入到所定目标中，千万不要被各种因素所诱惑。而让你相信今天取得的一切全凭天资、才能或者漂亮的外表，其实这完全是努力工作和发挥特色所造成的。那些劝你该悠闲轻松的人，实在不懂为生活而工作与为工作而生活两者之间的区别。

你是否留意过失败的人总是这么说："感谢上帝，今天是星期五。"而成功的人却这么说："啊，上帝，已经不是星期五了。"显然，他们这两种人的梦想与目标大相径庭，不是按照同一个步调前进的。

每一天都会带来新的挑战，在你的成功史中增添新的一章。每投出一次快球，奔向目标的热情就更新一次，同时加强积极心态和增加力量。不要为一点点汗水感到勉强或局促不安，它是每天必读的圣经，每小时的奖章和每天各方面的生动证据，这样就能做到一点比一点好。

伊芙琳·格琳妮在很小的时候就有一个愿望：成为一个音乐家。但是，在她 12 岁时，她的耳朵神经功能衰退，成了聋子。格琳妮学会了唇读法，坚持在正规学校读书。接下来的日子，她将主要精力放在学习上，并且取得了优异的成绩。格琳妮是苏格兰人，她称自己意志坚强，有时甚至固执己见。正因为如此，她成了伦敦皇家音乐学院主修单人打击乐器的第一个学生。这些打击乐器包括木琴、蒂姆巴尔鼓、小军鼓、钹、康笳鼓、大鼓。由于是皇家学院的第一位失聪学生，媒体为格琳妮拍了一部纪录片，这引起了众人的好奇心，于是，她被邀请到各种音乐会上演奏。格琳妮到世界各地演出，她在伦敦、日本、欧洲和美国买了房子和乐器。起初，她担心没有足够的打击乐曲，现在作曲家专门为她谱曲。她认为自己是第一位古典音乐单人打击乐器手。她共灌制了 6 张唱片，其中一盘获"格莱美"大奖。

在每一个成功者或巨富的背后，都有一股巨大的力量——积极心态在支持和推动着他们不断向自己的目标迈进。所以，我们可以肯定地说：

积极心态是生命和力量。

积极心态是奇迹。

积极心态是创立事业之本。

不计辛劳，勇往直前，定让你的人生大放异彩。

# 4. 心态影响行为

我们的脑子曾经通过过滤而保留所需或未来用得着的资料，而有意地忽略掉其余的资料。

这种过滤过程说明了为何人类有这么多记忆。因此对同一件交通事故，两个人会有完全不同的论点，甲可能强调他所看见的，而乙却强调他所听到的，彼此从不同的角度进行。他们也可能从一开始，便用不同的生理感觉器官去记忆这件事故。例如甲有着极佳的视力，而乙却视力不佳，最后的结果必然是双方的看法迥然不同。这种差异的认识和内心储忆就会进入记忆成为新的过滤器，让这二人去体验未来。

实际上那就是"地图显示的不是确实的疆域"即它所显示的不是真正的疆域，正确地说"它是根据不同用途而提供类似的疆域框架"。这句话用之于人，意思说是人的内心记忆不是事物的真相，而是经过各人独有的信心、态度、信念和称之为性格模式的过滤后，所显示的内容。这或许就是为什么爱因斯坦曾说过："任何想在真理与知识的大海里树立个人权威的人，必为众神的嘲笑声所淹没。"

既然一切事物的相貌，是显示自己内心的记忆，那么我们何不用鼓舞自己及旁人的方法？如果想成功地做到，那就有赖于能始终不悖地形成积极心态的记忆管理。有许多时候，你该费心注意某些事情，可别只看到消极的一面，造成沮丧、受挫或不悦的心态，而要倾全力注意积极的一面。不论四周环境多么恶劣，用积极进取的心态来面对。

有人能发挥潜能，能成功，是因为他能始终维持积极的心态。这就是成败的差异。人生是好是坏，不由命运来决定，而是由你的心态来决定，我们可以用积极心态来看事情，也可以用消极心态。但花点时间想一想，如果你一直是处于无所不能的心态时会怎样？

如果现在叫你放下本书，走过一个炽热的火堆，你一定不会听命行事。因为你还不具备过火的信心，也未拥有能过火的肯定感觉和心态，所以当别人要你过火时，你还没进入能帮你过火的心态。

怎样去排除恐惧和束缚因素，以一种能鼓舞他们身体力行并带来新效果的方式，改变人们的心态和行为？

过火只是要把人们原先的畏惧，转换为知道能行的过程，从此他们就能把自己置于完全进取的状态，进而做出原先认为不可能的事情和结果来。

如果帮助你在内心形成一个"我可以走过那个火堆"的全新记忆，那么原先认为的不可能，只是内心的限制，而其他诸多的不可能，是不是就极有可能？知道心态的力量是一回事，但付诸行动又是另一回事，一旦自己改变一下记忆方式，就能充满自信，采取奏效的行动。

现在我们知道了，产生你期望结果的关键在于你记忆的方式，能否让你处于进取心态，鼓舞你尝试各种方法以达成期望的结果。如果你达不到这种心态，那通常是你根本就没有期望达到，或者顶多是用一种意兴阑珊、不冷不热的态度造成的。

如果你认为事情做起来不会顺利，它就真是如此。如果你认为会顺利，那么在内心就会产生所需的力量，帮助你达成预期目标。当然，即使是最积极的心态，也不会保证必定成功，但是当我们有适当的心态，就会最大可能地去善用所拥有的一切。

# 5. 想到就要做到

世界上"没有做不到的事，只有想不到事"。虽然很多青少年都知道也明白这一句话，但是却很少有做得到的。在为自己确定人生目标的时候，他们不敢大胆的说出自己的想法，怕将来万一实现不了，被别人笑话。还有的学生连想都不敢想，只是把自己的理想保守的划定在一个很小的范围内。

## 放飞理想，才能飞得更高

放飞自己的理想，才能自由自在的在天空飞翔，才能飞得更高。人人都知道,有梦想就会有希望,只要你有勇气,只要你敢想,只要你去努力去奋斗,你所想的,总有一天会成为现实的。所以不论你是强者还是弱者,不论你是穷人还是富人,只有先行一步,不断地努力,超越他人,才能在这个社会上求得生存。拥有超前的思维,开阔的眼界,树立明确的目标,然后朝着这个目标前进,这样才能在激烈地竞争中成为强者。

战国时期魏国商人白圭,立下要成为"商业的经营思想家"的大志,并在魏国做官的时候,就在政治上提出了"二十取一"税制。最后成为封建时代一位有名的商人、经济谋略家和理财家。并被世代商人尊称为"治生之祖",也就是商人的祖师爷,并供奉至今。立志,对于事业的成败至关重要。没有志向就没有目标,没有目标则不能获得事业的成功。俗话说"有志者事竟成",便是人类在创造世界的实践中总结出来的真理。

拿破仑曾经说过:"在我的字典里,没有'不可能'这几个字。世界上所有的计划、目标和成就,都是经过思考后的产物。你的思考能力,是你惟一能完全控制的东西,你可以用智慧或愚蠢的方式运用你的思想,但无论你如何运用它,它都会显示出一定的力量。"所以,你们一定要敢于放飞自己的梦想,所谓梦想是人得以成功的导航器,梦想有多远,幸福就有多长。

一个人的思想是一块富饶的土地,你可以让它变成收获硕果的良田,也可以任它成为杂草丛生的荒漠,全看你是否在进行有计划的辛勤耕耘。理想是美好的,奋斗更是非常重要的。要实现理想就必须要付出劳动,付出辛苦。无论到什么时候,都不要关了自己梦想的大门。要坚持自己理想,终有一天会成为现实的,所以为了实现由平凡走向卓越的梦想,努力奋斗吧!

**想到 做到 成功**

想到,才有可能做到。如果想都不敢想,何谈做到?青少年要想在未来的人生中有一番作为，就一定要敢想，并且敢做，惟其如此，才能从平凡走向卓越，进而出类拔萃。

有两个盲人，一胖一瘦，都是在街头拉二胡卖艺为生。他们每天都要辛勤地拉二胡，为此过一段时间他们就不得不再去购置一把新的二胡。为了节约开支，他们摸索着购置一些材料自己制作二胡。但因为制作二胡音膜的材料价格年年升高，两人都想到能不能用其他一种材料来代替传统的蟒蛇皮。胖艺人想想，感觉难度颇大并没有付诸行动。瘦艺人则不然，凭着"想到就要做到！"的坚定信念，他寻找了多种替代材料，进行了无数次实验，功夫不负苦心人，他终于找到了一种可以代替蟒皮的材料，那就是装饮料的塑料瓶子，经过软化、添加等多项复杂工艺，才能使用。

经过三年之久的研制，一种"环保型"二胡在这位盲人的手下诞生了。由于眼睛看不见，可想而之盲人所遇到困难是常人难以想象的，在试验过程中，他的双手被烫伤无数次。可喜的是盲人所发现的这种经过特殊处理的塑料音膜的音色与蟒蛇皮音膜比起来没有丝毫的逊色之处，相反还使得制作二胡的成本降了一半。乐器制造厂商发现了这项技术后，就出重金购买了下来。于是，瘦艺人凭着独有的技术而入了股，成为重要的股东之一，彻底的告别了卖艺生涯，生活水平大幅度提高。而当年的同伴胖盲人，如今还在街头辛苦地拉着二胡，拉坏了再去买新的，日复一日。

有困难，就认为自己做不到，总想着等到有百分之百把握时才行动，这样不但不能达到目标，反而还会陷入行动前的永远等待中。世界上的事没有做不到，只有想不到。想法只有化作行动，才有达成愿望的可能，否则想法永远是想法。人人也有成功的梦想，但成功的却很少，为什么？就是因为他们在遇到困难时就放弃了梦想，而最初美好的构想慢慢也就变得迟钝了、褪色了。所以,你不可能等到所有条件都成熟后再行动,如果是那样,你将错过永远最佳的时机,也将不再有机会了。

　　青少年要做一个成功者,首先就要做别人做不到的事情,要做别人不想做的事情,要做别人不敢做的事情!重要的是,你们一定要充分的相信自己,这个世上没有做不到的事,只有你不想去做的事。如果在你的大脑里能时刻记住:没有做不到,只有想不到的。那么,无论多高的理想,你也能很快实现。

# 第四章

# 行动决定成功

# 第一节 付诸行动

## 1. 行动重于心动

你要想成为一个成功者，要想实现你梦寐以求的生活，就不要再说自己"倒霉"了。对于成功者来说，世界上不存在绝对的好时机，不存在噩运笼罩的日子。他们相信所有的机会。好运都是通过自己的行动争取而来的。

一个能够享有盛名、迅速成功的人，做起任何事情来，一定十分清楚敏捷，处处得心应手。一个为人含糊不清的人，做起事来，一定也是含糊不清。天下事不做则已，要做就非得十分完善不可，不然你就一定会被淘汰。那些做起事来半途而废的人，任何人都不会对他产生信任。他开出去的借据没人愿意接受，他替人管理金钱，也没有人敢相信他，无论他走到哪里，都不会受人欢迎。

"对这个问题，我得先考虑考虑。"约翰在别人要他回答问题时，他总是这样回答。约翰要决定一件事时，总会考虑再三，人们经常怪他处事不果断。"他总是在决定某件事情上花费很多的时间，哪怕是件微不足道的小事。"他的女友这样评论他。而他周围还没有人对他有行事莽撞和容易冲动的印象。那些对他没有好感的人说他胆小如鼠，而约翰身材魁梧，从外表上看，他绝不像个胆小的人，但从心理方面来说，用胆小如鼠形容他是有几分道理的。此外，他对一些可能引起争执的事也尽量避开，怕惹是生非。

约翰在获得企业管理的硕士学位后，就在一家国际性的化学公司工作。刚开始时，他对给他的职位相当满意。因为这一职位不但薪水可观，而且晋升的机会也很大。"无须从基层一步步做起，这实在太好了，"约翰在提到自己的好运时说道，"现在给我的职位比我原先期望的要高。"由于约翰对管理有着特殊的兴趣，而他学的又是这门专业，所以，他极想使自己一些主张成为现实。"我觉得有许多事需要我去做。"他在参加工作 4 个月后说道。

然而，约翰在这家公司工作 15 个月后，他才开始意识到自己的弱点，而这个弱点以后成为他事业发展道路上的主要障碍。在约翰担任新职不久就被邀请参加一个委员会，该委员会专门负责审理公司里的日常工作报告。这家公司的规模巨大，全世界都有分支机构，所以需要靠很多人的努力才能做出一份行之有效的审理报告。

而约翰的上司在这个委员会中把约翰同其他成员做了一番比较。在开展工作计划的头几个星期，这位上司注意到约翰的工作一进度比其他人要慢得多。"抓紧点，约翰，动作快一些！"他的顶头上司友好而又认真地提醒他。

然而，约翰的速度并没有因为这句提醒的话而加快，反而更加慢了。"速度，"他憎恨地说，"这里工作惟一重要的就是速度。每个人都希望你能提前完成任务。"由于工作性质的关系，约翰干工作速度慢的问题致使最高首脑管理机构从全世界各地发来的报告中得到的信息往往太迟，因而使得他们下能及时地采取相应的对策。在这种情况下，人们对约翰这种行事谨慎、慢条斯理的工作方法很反感。和他同组的一位同事用带有嘲讽的语气说道："要是你有什么坏消息，并希望它像蜗牛爬行似的传出去的话，那就把它交给约翰处理吧。"

后来这项工作计划在接近末尾时，约翰忽然发起蛮劲来，竟然工作得同别人一样快，由于他的这一行动，使他在这些事上没有受到多大伤害。"要是我愿意，我还是能够工作得同别人一样快的，"他非常懊恼地说道，"但这并不表示我喜欢这样做。"在随后的五年中，他获得两次提升的机会，但上升的幅度都不大。有一次，他的上司在谈话中告诉他的提升消息后，对他说："你工作表现不错，有时是速度慢了些，但总的来说是好的。"

不管是谁，都不会信任一个做起事来拖拖拉拉的人，因为他在精神与工作上含糊粗拙，一点也靠不住，只要一看见他那粗拙的成绩，就会想到他的为人。这些人也许在其他方面有很多优点，但由于做事的拖沓，很难得到别人的赏识，这种做事的方法将必然影响他们的前途。而要想获得成功，就应行动敏捷，这样才能抢占先机，从而拥有更多的财富！

# 2. 让行动成就远大目标

伟大的思想只有付诸行动才能成为壮举。

——威·赫兹里特

有人伟人曾这样说过："不要做思想的巨人，行动的矮子。"意思就是说：人，要有伟大的思想，然后还要有脚踏实地的行动。不然的话，那思想也就成了幻想，幻想最终会成为美丽的泡沫，风一吹就散了。

现代的青少年有理想、有梦想、有远大的目标，固然是好现象，但是，行动对于你们来说，更是重中之重。所有理想与梦想，所有目标的实现和行动是分不开的。没有行动，一切都是空谈。

### 行动是一切结果之源

纵观成功者的一生，他们每个人都是行动上的巨人。成功者凡事都立即行动，因为他凡事立即行动，所以他成功，不管事情如何，想到了就去做，计划好了就行动，做失败了总比不做好。亲爱的中学生朋友，看到这里，你想做什么？就去做吧！去做一个简单的行动，养成凡事不拖延的习惯，从什么时候开始？现在，现在看到这里时，第一秒就去行动。因为，行动是一切结果之源。

有这样一个寓言故事：一个很落魄的青年，每天都去教堂向上帝祈祷，每次的祈祷词都相同。第一次，他来到上帝面前，跪在那里虔诚地低语："上帝啊，请念在我多年敬畏您的份上，让我中一次彩票吧！"

这样一连数天，他又一次地走进教堂，垂头丧气地同样跪着祈祷："上帝啊，为何不让我中彩票呢？请您让我中一次彩票吧！"

又过了几天，他再次去教堂，同样重复着说："我的上帝，为何您听不到我的祈求？让我中彩票吧！只要一次就够了。"

就在这时，天空中突然发出一个洪亮的声音："我一直在聆听你的祷告，可是，最起码你也应该去买一张彩票吧！"

看过这个故事之后，你们也许会为之一笑，可笑过之后，也请大家想一想，思考一下。有时，我们是不是也在做着同样的事情呢？每一件事通常到了不得已的时候，人才愿意行动，但到时候都已来不及了，已预示着一个失败者的诞生。

这个故事告诉我们：一旦有了梦想，就必须用行动去实现梦想。如果有梦想而没有努力，有愿望而不能拿出行动来实现愿望，这是不足以成事的。只有下定决心，历经学习、奋斗、成长这些不断的行动，才有资格摘下成功的甜美的果实。

作为 *21* 世纪的青少年，你是否选择了磨练人意志的暴风雨？是选择做明亮的不锈钢，还是要做角落里生锈的破铜烂铁？是选择做勇敢无畏的白杨，还是要做顺风而倒的墙头草？是选择做刚强明亮的金刚石，还是要做那乌黑软弱的石墨？没有行动，就不会有美好的未来。没有行动，就不会有多彩的人生。

行动是一切结果之源。人生的道路没有一帆风顺，人生的道路总布满着坎坷与荆棘。但是，只要你有目标，只要你有为目标奋斗的切实行动，那么，你一定会收获一个有行动的结果。

## 成功始于心动，成于行动

人生要靠理想去支撑，但成功的道路是要用行动去铺就的。

行动是成功的阶梯，没有行动自然不会有成功，而行动越多自然会获取更多，也就是登上更多的阶梯，即登的要高。大家都知道"千里之行，始于足下"这句话，可是真的踏下这一步时，却常常忘了提醒并鼓励自己拿出行动的这一点。要知道一张地图，不论它多么详尽，比例多么精确，它永远不可能带着它的主人在地面上移动半步。任何宝典，永远不可能从它的字里行间就能倾倒出财富。只有行动才能使地图、宝典、梦想、计划、目标具有现实意义。行动，像食物和水一样，能滋润自己，使自己成功。

记住：你过去是什么样的行为，并不表示未来也须继续下去，如果你想改变目前的状态，就要现在拿出点行动来。

要记住萤火虫的启迪：只有振动翅膀的时候，才能发出光芒。要成为一只萤火虫，努力张开奋进的翅膀，让光照亮大地。成功是用自己双脚踩出一条属于自己的路，路要自己去踩。自己不走，叫别人走，走出来的路不属于你。跟在别人后面走，其实是替别人走路。用自己的双脚踩出一条路来，才叫成功。流自己的汗，吃自己的饭，走自己的路，采自己的果。将自己的目标付诸于自己的行动。

陈凯是一个初二的学生，有一段时间，他的数学成绩始终提高不上去。后来，他就在思考为什么，找出原因之后，他给自己定出了一个目标计划，每天做多少习题，每天预习多少功课，每天将不同的类型的题目练习一遍……就这样，他每天都给自己计划，每天都去行动，到了月底测试时，他的数学成绩又回到原来的90多分。

你们要明白：不要去羡慕别人的果，要去寻他身后的因。这样，才会对我们的成长有帮助。"今日事，今日毕。"永远不要把今天应该解决的事情留给明天，每天让自己行动，每天给自己一个交代，你何愁学习不会提高，何愁学校不能考上？

立刻行动，立刻行动，立刻行动！从现在开始，要学会一遍又一遍，每时每刻重复这句话，直到成为习惯。好比呼吸一般，好比眨眼一样，成为一种条件反射。有了这句话，你就能调整自己的情绪，去迎接和挑战失败。行动也许不会结出快乐的果实，但是没有行动，所有的果实都无法收获。

要努力就要从现在开始，无限风光就会在眼前！从现在开始努力，并时刻告诫自己：决不可坐以待毙，守株待兔。因为大好的机遇，从来都垂青懂得珍惜生命和把握现在的人，用脚踏实地的行动走出一条属于自己的不寻常路！

# 3. 立即行动起来

有这样一句格言被许多成功人士推崇："拖延迟缓意味着死亡。"

阿莫斯·劳伦斯说："我们之所以成功、他们之所以失败，就在于我们形成了立即行动的好习惯，而他们办事拖沓，总把事情往后推，这样我们站在了时代前列，而他们则被时代甩在了后面。"

懦弱固然不好，但凡事都求别人帮助作决定则更为糟糕。我们一定要训练自己在紧急关头求助于自己的良好习惯。

"我能够征服世界只因为我把我的想法立即付于实施。"亚历山大说道。

在危急情况下，拿破仑从不犹豫不决，总是快速作出决断，把自己认为最明智的做法付诸实施，而牺牲其他可行的或不可行的办法。他绝不允许他不认同的建议或想法来干扰他的思维和行动。虽然所选择的做法有可能是错误的，但也要比犹豫不定、瞻前顾后丧失良机好得多。

据说，拿破仑在滑铁卢遭到惨败的最大原因就是由于他没有及时快速作出决定，而在此之前征战欧洲的各个战役中，无论是重大战役，还是在命令的最微细节上，他总是快速作出决定并马上付于实施。快速决定就像凸透镜能够聚集太阳光线一样，聚一点可以把最坚硬的钻石熔化掉。

一个人欲要成就一番事业，首先就要学会依赖自己、引导自己、完全控制自己。

一个受过良好教育的人在面临需要迅速作出决定的紧急时刻，会集中全部精神，积极调动思维迅速作出决断，尽管这个决断也许不很成熟，但他要使他本人坚信这个决断是当时情况下最明智的决定，然后马上付诸实施。实际上，在人的一生中有很多重大决断都属于此类——事后看不很成熟但当时认为是最明智的。

范妮·冯谈起巴特勒将军时说："他真是个能够快速做出决断的将军。不管多么重大的军务被请他决断，他会马上聚结起全部精力，谋断此事，就如凸透镜聚光线于一点，而一旦作出决断，他好像就把这件事完全忘记，似不曾发生过一样。"

在一次战争中，一个老父亲的两个儿子都被敌人俘虏去了。老父亲希望用自己和一笔金钱换回儿子。敌人同意了这个请求，但条件之一是只能换回一个儿子。老父亲为难了，同样是儿子，他救哪一个？又不救哪一个？老父亲左思右想十分为难，无法做出决断。敌人久久不见他回信，失去了耐心，就把他的两个儿子全部杀害了。老父亲的优柔寡断使他失去了救回儿子的机会。

世界上没有什么人或什么东西能够帮助那些做事犹犹豫豫、瞻前顾后的人形成一种遇事果断决断、行事干脆的习惯，所以在考虑处理一个问题时，要尽量避免一会提出这个问题，一会儿又提出那个问题。做事试图把所有问题都解决的人，是不容易抓住事物本质的，而最明智的决策就应该是解决事物本质的决断。做出决断后，要尽力尽快去付诸实施，虽然说决策不一定正确，结局也不一定良好，但从长远看，它会培养我们形成遇事果断决定的好习惯，加强我们独立自主精神的建立。

"如果一个人总在考虑是先做这件事好，还是先做那件事好，那他最后极有可能哪件事都做不好，"威廉·沃特说，"再假如他已先做那件事，正当他要行动时，又听到别人的反对意见，他会停下来举棋不定，一会考虑这方意见，一会又考虑那方意见。既觉得这方意见正确，又觉得那方意见也有可取之处。这样的人就属没有主见的人，缺乏决断力，不管是大事，还是小事，皆是如此。这样的人很难有所成就。他做事不是采取积极进取的态度，而是在原地打转转，甚至不进则退。在卢坎（古罗马诗人）笔下有一种人很值得学习。这种人具有一种坚韧不拔的精神，他们在行事之前，先恭敬地听取那些聪明人的意见，博采众长，然后综合考虑做出自己的决断，决断做出后，就绝不再更改，最后再以最大的精力付诸实施。历史证明，这种人成功的例子最多。"

　　哈姆雷特（莎士比亚笔下的人物）就是个做事优柔寡断、行事拖泥带水的典型人物，他的理想追求与他的精神能力所能达到的水平相去甚远。绝大多数人都能抓住事物的一方面解决处理问题，而哈姆雷特却抓住事物的各个方面不放，既考虑这方面，又担心那一方面，由此，他变得瞻前顾后、优柔寡断。他感觉自己看到的鬼魂既像父亲的冤魂，又觉得不像。优柔寡断有时是精神与智力畸形发展的结果，智力得到了高度开发，而精神却已萎缩。

　　做事犹豫不决、容易被别人意见左右的人，无论他有多么好的天赋、多么高的水平，都无法与那些意志坚定、行事果断干脆的人相比，完全可以这么说，果断的判断力要强于最睿智的头脑。

　　在生命竞技场上，许多人之所以没能取得成功，只因于他们延误了时间，错过了良机。而那些满载而归的人，也只因为在该决断的时候他们能够迅速作出决定，仅此而已。

　　训练行事果断决策的习惯，是最最重要的道德和意志训练工作，因为如果能成功做到这点，人就可以实现由人到"完人"的登堂入室的转变。

　　虽说果断决策有可能使我们做出一些不成熟不明智的决定，或承担一定的风险。但是，这要比犹豫不决做不出决定要好得多，而且多次果断决策，不可能都是错误的。如果真的是那样，那么就要考虑到问题是否出在智力和精神上，所以大可不必为果断决策可能带来的坏结果伤脑筋。许多成功人士就是在关键时刻果断决策、大胆行动才使他们踏上了成功之路。

　　经过实地考察后，尼古拉斯意识到那些负责此次任务（在圣彼得堡和莫斯科之间铺设一条铁路）的官员之所以犹犹豫豫、进展缓慢，最大的问题就在于这些官员为图私利而互相扯皮。尼古拉斯决定必须尽快结束这种局面。因此，当部长把各种方案讲给尼古拉斯听时，尼古拉斯什么也没有说，他拿起一把尺子，在地图圣彼得堡和莫斯科之间划了一根线，对部长说："就按这样铺设铁路。"圣彼得堡直达莫斯科的铁路线就这样确定了。

安特塔姆战役的硝烟刚刚散尽，林肯总统在国会上就宣布："我们不能再等了，必须现在就颁布解放奴隶法。"

林肯知道，这一法令将会获得大多数人的支持，因此，他决定一定要将这一法令实施到底。他发誓说："假如李将军无法再在宾夕法尼亚呆下去的话，他将以奴隶们获得自由来庆祝此事。"

做不出决定固然不好，但对做出的决定缺乏足够的信心同样很糟糕，因为对自己的决定缺乏信心将会导致决定不能够很好地贯彻实行下去。

莎士比亚这样评价恺撒："恺撒是个先做后说的人，他说的时候实际上已经做了。"

乔治·艾略特说："等到各种条件都成熟、都具备的时候再行动的人，实际上他什么也干不成。"

# 4. 用行动点亮想法

青少年朋友们，思想是一个人的灵魂，人的一生应该是有思想的活着，但思想绝不是人生的目的。决定人生价值的不仅是人的美好思想，更重要的是行动。行动决定一切，行动才是首要的。墨子说"志行，为也。"，也就是说意志付于行动，那是作为。

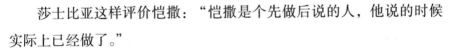

勤于行动，胜于勤说

青少年朋友们，俗话说："莫坐而言，要起而行"。在做一件事情之前，一定要周详的计划，若没有实际行动，就是纸上谈兵的结果，终究也是一场空。比如说，作为一名学生如若想获得好成绩，就必须花费相当的时间去准备功课，用心去吸收、反刍书中之意，这样才能真正学得书中的知识。倘若没有实践，任何事情都不会有圆满梦想的时候。行动胜于空谈，也因此，千万不要踌躇在原地，蹉跎岁月。行动是获得成功的法宝。

据说，从前有一个人经常出差做事情，但是，每次出差都很难到有座位的车票。幸运的是，无论长途短途，无论车上多挤，他总能找到有空的座位。为什么会如此幸运呢？

他的办法其实也就是很简单的一种，就是耐心地一节车厢一节车厢地找过去。这个办法听上去似乎并不高明，但却很管用。每次，他都做好了从第一节车厢走到最后一节车厢的准备，可是每次他都用不着走到最后就会发现空位。他说，这是因为像他这样锲而不舍找座位的乘客实在不多。经常会有的这种情况就是在他落座的车厢里会有若干个座位，而在其他车厢的过道和车厢接头处，居然人满为患。

他说过，许多乘客轻易地就被一两节车厢给拥挤的表面现象迷惑住了，所以，就不去行动找座位。不去细想在数十次停靠之中，从火车十几个车门上上下下的流动中蕴藏着不少提供座位的机遇，即使想到了，他们也没有那一份寻找的耐心。眼前的一方小小的立足之地就很容易让大多数的人很满足了，为了一两个座位背负着行囊挤来挤去，在这些人的眼里是很不值的。他们还担心万一找不到座位，回头连个好好站着的地方也没有了。这就像生活中一些安于现状的那些人一样，他们不思进取害怕失败，因此，他们永远只能滞留在没有成功的起点上，这些不愿主动找座位的乘客大多只能在上车时最初的落脚之处一直站到下车。

因此，青少年朋友们，勤于行动，胜于勤说。现实是此岸，理想是彼岸，中间隔着湍急的河流，行动则是架在河上的桥梁。

行动胜于一切

青少年朋友们，行动胜于一切言语。成功者的路有千条万条，但是有一条路却是每一个成才者的必经之路，那就是付出行动。革命先驱李大钊曾经说过："凡事都要脚踏实地去做，不驰于空想，不骛于虚声，而惟以求真的态度作踏实的工夫。用此态度去求学，这才是真理，以态度去做事，则功业可就。"而年轻的日本企业家孙正义却以自己的行动为这一名言做了最好的注脚。

青少年朋友们，孙正义在年少时期，就胸怀大志，并且心中拥有一个非常美丽的梦想，他梦想着有一天能成为一名企业家，在企业界呼风唤雨。初中毕业以后，孙正义就考入了日本很有名望的久留米大学附属高中。父母对他寄予了很高的期望，希望他能考上东京大学，出入于政界。但是，在他高中读书的期间里，一次美国之行却改变了他对人生的看法和道路。那次孙正义从美国旅行回来，便不顾周围一切人的反对，毅然从高中退学了。因为对美国的憧憬使他下决心一定要孤身闯一闯。他要为世界上第一流的企业家的梦想而去奋斗去努力。

过了一段时间，孙正义来到了美国，便开始了他成才的第一步，也是他取得成功的关键一步：行动。他的所有行动几乎都是为了那个美丽的梦。用了三个星期的时间继续学完高中的课程以后，他成了加利福尼亚大学巴克雷分析经济系的学生。在大学里，他成了一个邋邋

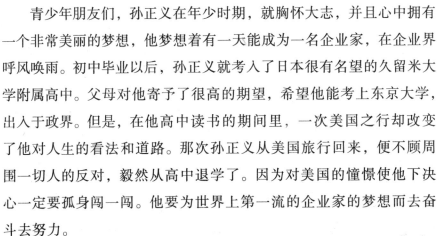

133

遢遢的学生，一半的精力都用在学习上，使孙正义无暇顾及自己的形象，他总是穿着一身皱皱巴巴的汗衫和裤子，拖着一双拖鞋在校园里埋头走着。有一次，有一对美国的老夫妇甚至把他当作从越南逃过来的难民。他除了学习之外，另一半精力都用在了发明上。他下定决心要尽快地研出成果，因为他需要钱来创办属于自己的公司。为此，孙正义专门设立了一本专门记录新发明的本子，他规定自己每天都要提出一项新发明的设想。他把这些奇怪的念头都写在了本子上，他知道了这些想法不可能都变成现实，但是他相信自己一定可以从中发现一个更加合适的、能变成现实的念头。

孙正义在大学毕业以后，便回到了日本。他回国后做的第一件事就是从银行贷款 1500 万日元，并在博多设立了一个只有三人组成的小公司。这个公司就是孙正义的"智囊团"，专为他进行调研，目的是要发现一种别人没干过的事业。一年以后，孙正义发现了目标——微处理机软件银行。于是有了这个想法，他就开始进行实施行动。1981年 9 月，银行正式成立。但是，这并不等于他已经取得了成功，他知道，这只是向他的事业迈出了第一步。为了实现他的这个"世界第一"的梦想，孙正义仍在不断地努力的行动着。他挖空心思地去选择人才，从东京一家独自经营的小出版公司里，他挖来了颇懂出版发行的田锁洋治郎，使这位 40 多岁的"头儿"成了只有 26 岁的他麾下的一员猛将。接着，他又在同年的秋天结识了日本警备保障株式会社的副社长大森。在交往中他发现，大森的技术观点虽然不行，但却很有经营头脑，经过一番苦口婆心，两人大有相见恨晚之感。没有过多久，大森也就归属于他的旗下。

从此，他有了志同道合的朋友，他们跟自己玩命似的。有的人一连五个月没有回过家，有的人一看见方便面就恶心，有的人全靠咖啡提神……他们知道，再辉煌的成绩也是干出来的，没有苦干是无法在科学技术日新月异和企业竞争异常激烈的今天站稳脚跟的。只有行动才有一切，行动胜过一切。除了他的这个勤奋和果断以外，还告诉我们成才必须要从行动开始的。当他在小时候有一个企业家的梦想之后，就一直在为这个梦想而选择着，为"世界第一"而行动着。无论是读高中，还是后来到美国去留学，搞发明创造，还是开办公司，挖掘人才，都是为着这一个目的。

青少年朋友们，孙正义的不断努力和不断行动，成就了他今天的辉煌。现在的孙正义已经成为了公司的总裁兼董事长。他在不到二十年的时间内，创立了一个无人相媲美的网络产业帝国。他的这个帝国并非是受其统治的帝国，而是一个由他支持扶助的高科技产业帝国，他不是在自己独自享受，而是为使更多的人掌握高科技信息，贡献出他的智慧与才能，成了日本软件银行的总裁，让真正掌握网际网络财富的盖茨自叹不如，成为 IT 行业里全新的一位传奇的人物。

心中有梦，我们只有为之付出行动，美丽才不会遥遥无期。青少年朋友们，也许每一个人都有着一个很辉煌的梦想，但并不是每个人都能为自己的一生而书写辉煌的。而其中一个最重要因素就是行动，没有行动就没有成功，更不可能有辉煌。有的人想得很多、很绚丽，却不爱把这些想法与行动结合起来。所以最后，美丽的梦幻也只能像肥皂泡一样，一触就破，自己也成了好高骛远、眼高手低的一个庸才。

行动铸就辉煌！伟人之所以辉煌，是他们付出了很大的劳动和代价才得来的。徐悲鸿临摹了三十年中外名家大作！钱学森为了精通数学、物理学、空气动力学、系统工程学等理论，整整用了二十余年时间。经过多少个无数个春夏秋冬，数不清的多少个清晨和黄昏，他们都在行动着，为理想而行动着。青少年朋友们，生活中不欢迎空想家，而是要做一个实干家！

小提示：

对于我们每个人来说，要脚踏实地一步步地去走，就如要一口口地去吃饭一样，即使有再灿烂的梦，同样也需要从迈步开始。"坐着说，不如起来行。"行动决定人生，如果你已经发现了目标，有了自己的梦，那么就从现在开始行动，从今天开始行动吧！

# 5. 积极思想，主动行动

青少年朋友们，行动改变人生，机会创造财富。同样的时机，对有行动的人，是发展的机会；而对没有行动的人，则是以后遗憾的机会。事实上，很多人离成功只有一步距离，但通常就是这一步阻止了人们得到他们渴望的成功。行动是一种习惯，行动是一种做事的态度，行动也是每一个成功者共有的特质。想法决定所需，行动决定所得。无论你想什么，如果没有行动，它就是空想！

思想进取，行动加油

青少年朋友们，每个人都是自己命运的设计师，那我们如何才能掌控自己的命运呢？掌控人生命运的法则就在于四个字——积极主动。也就是思想要积极进取，行动要主动加油！

如果说思维是一头耕地的牛，那也就毫无办法了，只好听天由命的劳作于田地。如果说思维是一只虎，那就大有可为，力挽狂澜则是它的本能。这就是牛与虎的区别，其实，一个人的行动如何又何尝不是这样呢？一个人要想取得成功，首先要积极主动，绝不等着挨打。起码要保持中国的虎虎生气和利爪尖牙，使对方不敢轻易叫阵。在生活中，积极主动就像是虎的法则一样。

美国文学家梭罗说："最令人鼓舞的事实，莫过于人类确实能主动努力以提升生命的价值。"态度决定一切，一个人的成长不在于经验和知识，更重要的在于他是否有正确的观念和思维方式，并是否为之付出了行动。人生中最小的差别是一念之差，但是，从某种意义上来讲，它却可以导致我们人生中最大的差别——成功与失败。青少年朋友们，决定你人生的正是你的人生态度。

我们的一生无法改变所遭遇的环境，但是我们可以改变那种心境。我们无法完全控制人生中将要发生的每件事，但却可决定要怎样去想、去相信、去感受和去面对，当我们决定了要如何去面对时，也就注定了我们会有怎样的人生。心境改变做事的态度，如果你用积极的思想去面对人生中的遭遇时，那么你就会有积极的行动，也就可能得到积极的结果。如果你用消极的思想去面对你的人生遭遇时，那么你就会有消极的一些行动，因此便会得到一些消极的结果。所以，青少年朋友们，积极的思想与主动的行为会决定你生活的质量与事业的成败！

作为青少年朋友，一定认识爱迪生，他发明灯泡的时候，实验了上万种的材料做灯丝才得到了最终成功。别人问他："你怎么能做到在失败了9999次后，还能坚持下去呢？"爱迪生回答："我没有失败9999次，我只是发现了有9999种材料不适合做灯丝。"

美国总统罗斯福在青少年时代可是一位不求上进，终日饱食无忧的花花公子，但有一次游泳时，受了风寒，引发了小儿麻痹症，从此双腿不能动了。当时罗斯福的心里充满了悲观和恐惧，他甚至一度认为自己就这样完了。但是，最后他决定用积极的思想去面对，不向所遭遇的逆境屈服，决心要改变自己，成为一个卓越的人。于是，他努力地去学习，积极地参加一些社会上的活动，以至于，最后他当选了

137

美国总统，并成为美国历史上最伟大的总统之一。

另外，还有前不久被以色列人所定点清除的哈马斯精神领袖亚辛，他 14 岁的时候踢足球时不小心就受伤致残，导致终生只能在轮椅上生活，但是他并没有向命运者屈服，他仍然坚持自学，并考上了大学。其后他又用他的伊斯兰思想去鼓舞大家，并创立了能影响全世界的哈马斯组织。

青少年朋友们，只有思想才能带动行动，只能行动才能取得成功。有一段犹太俗谚是这样子说的："如果你断了一条腿，你就该感谢上帝不曾折断你两条腿；如果断了两条腿，你就该感谢上帝不曾折断你的脖子；如果断了脖子，那也就没什么好担忧的了。"在犹太人的眼里，拥有积极思想的人，对任何事都抱着乐观的态度，即使遇上挫折，积极者也会认为那是成功前的必经考验。所以，凡事永远要向好的一面想，用行动去击败我们生活当中的所有困难！然后，才能取得成功的桂冠！

（行动源于思想）

青少年朋友，在中国曾经有很大轰动的电视剧名叫《阿信的故事》，这个电视剧中的主角是阿信的儿子——日本八佰伴的总裁和田一夫。和田一夫曾经风光过，他出入坐的是配有专职司机的"劳斯莱斯"，住的是寸土寸金的深院豪宅。可是，今天的和田一夫也只能去搭乘地铁出行，住处也变成了局促的简陋两室的公寓房。

和田一夫历史上的成功，至今还存着日本商业界传奇人物的名声。和田一夫把自家的蔬菜铺子一举办成了年销售额 5000 亿日元的跨国零售集团。但是，和田一夫实施的盲目扩张战略，也给八佰伴国际集团背上了沉重的债务包袱。在 1997 年，因负债额超过了 1000 亿日元的八佰伴集团正式宣告破产。

在八佰伴破产以后的半年的时间里，日本各界都充斥着对和田一夫的批评，这样不得不使田一夫过着隐居的生活。他躲在亲戚家中，逃避媒体的追踪。回忆起这段经历，和田一夫说："我一夜之间从天堂来到了地狱，我从家财万贯沦落到一无所有。我至今仍然只靠养老金过活。"

但是，68 岁的和田一夫并没有被打倒，1998 年，他在朋友的帮助下又开办了一家小型的经营顾问公司，希望把他失败的教训告诉后来者。

一直到 2002 年已达 72 岁高龄的和田一夫突然之间来到了杭州，在杭州的电视台节目中，和田一夫仍然对自己的未来满怀了很大的希望。他说他的咨询公司都是免费提供服务，他打算在不久后的将来开始收费，并准备在亚洲其他地区开设咨询公司的分支机构。对于自己的咨询网站，和田一夫的计划是在 2003 年前推出英文版和中文版网页。由此可以看出，这位老当益壮的和田一夫还是有着东山再起的意愿，而且还充满了信心。

是什么力量能让一位 72 岁高龄、遭遇了人生中最惨痛经历的失败之后，还能满怀希望地高唱我们还有明天呢？是他精神的力量，是他那种积极的人生态度，也是他无怨无悔的行动！

青少年朋友们，只要精神不倒，人就永远不会倒。遇到挫折就放弃而不去付出行动的人，正是在人生的关键时刻出卖自己的人。真正的勇者就是决不在人生中的关键时刻出卖自己，而是用行动来证明我是可以做到的！

小提示：

青少年朋友们，思想上积极便会产生行动上的积极，因此可得积极的结果。消极的思想会导致消极的行动，得到消极的结果。积极的人生就是一种要有勇于跳进自己能够把握的这个世界的态度，而且这个世界你不跳进去你是把握不住的，就像你要想学会游泳的话，你不跳进水里是学不会的！

# 6. 在行动中去检验去完善

"行事正当"能使你的计划获得满足，因而建立自信。"行事乖谬"会导致两种消极的结果：第一，罪感会腐蚀我们的信心。第二，别人迟早会发现而不再信任我们。

先行动起来，在行动中去检验去完善。

许多人做事都有一种习惯，非等算计到"万无一失"，才开始行动。其实，这还是"惰性"在作祟，周密计划只不过是一个不想行动的借口。首先，生活中、工作中的目标，并非都是"生死攸关"，即使贸然行动，也不会有什么大不了的事发生。其次，目标是对未来的设计，肯定有许多把握不准的因素，目标是否真的适合自己，其可行性如何，也只有行动才是最好的检验。"行动是检验真理的惟一标准"、"穿上鞋子才知道哪里夹脚"都能证明这一论点。还是先行动起来，没有行动，心态不可能积极，目标不可能清晰。

行动确实可以治疗恐惧。史华兹博士提到以下这个例子：

曾有一位40岁出头的经理人员苦恼地来见我。他负责一个大规模的零售部门。

他很苦恼地解释："我怕会失去工作了。我有预感我离开这家公司的日子不远了。"

"为什么呢？"

"因为统计资料对我不利。我这个部门的销售业绩比去年降低了

7%，这实在很糟糕，特别是全公司的总销售额增加了6%。而最近我也做了许多错误的决策，商品部经理好几次把我叫去，责备我跟不上公司的进展。

"我从未有过这样的光景。"他继续说，"我已经丧失了掌握局面的能力，我的助理也感觉出来了。其他的主管觉察到我正在走下坡，好像一个快淹死的人，这一群旁观者站在一边等着看我一点一点没顶。"

这位经理不停地陈述种种困局。最后我打断他的话问道："你采取了什么措施？你有没有努力去改善呢？"

"我猜我是无能为力了，但是我仍希望会有转机。"

我反问"只是希望就够了吗？"我停了一下，没等他回答就接着问："为什么不采取行动来支持你的希望呢？"

"请继续说下去。"他说。

"有两种行动似乎可行。第一，今天下午就想办法将那些销售数字提高。这是必须采取的措施。你的营业额下降一定有原因，把原因找出来。你可能需要来一次廉价大清仓，好买进一些新颖的货色，或者重新布置柜台的陈列，你的销售员可能也需要更多的热忱。我并不能准确指出提高营业额的方法，但是总会有方法的。最好能私下与你的商品部经理商谈。他也许正打算把你开除，但假如你告诉他你的构想，并征求他的忠告，他一定会给你一些时间去进行。只要他们知道你能找出解决之道，他们是不会做划不来的事换掉你的。"

我继续说："还要使你的助理打起精神，你自己也不能再像个快淹死的人，要让你四周的人都知道你还活得好好的。"

这时他的眼神又露出勇气。

然后他问道："你刚才说有两项行动，第二项是什么呢？"

"第二项行动是为了保险起见，去留意更好的工作机会。我并不认为在你采取肯定的改善行动，提升销售额后，工作还会不保。但是骑驴找马，比失业了再找工作容易 10 倍。"

没过多久这位一度遭受挫折的经理打电话给我。

"我们上次谈过以后，我就努力去改变。最重要的步骤就是改变我的销售员。我以前都是一周开一次会，现在是每天早上开一次，我真的使他们又充满了干劲，大概是看我有心改革，他们也愿意更努力。

"成果当然也出现了。我们上周的营业额比去年高很多，而且比所有其他部门的平均业绩也好很多。"

"喔，顺便提一下，"他继续说，"还有个好消息，我们谈过以后，我就得到两个工作机会。当然我很高兴，但我都回绝了，因为这里的一切又变得十分美好。"

"行动具有激励的作用，行动是对付惰性的良方。"

你也根本不必先变成一个"更好"的人或者彻底改变自己的生活态度，然后再追求自己向往的生活。只有行动才能使人"更好"。因此最聪明的做法就是向前，进而去实现自己所向往的目标，想做什么就去做，然后再考虑完善目标。只要行动起来，生活就会走上正轨而创造奇迹，哪怕你的生活态度暂时是"不利的"。

正如英国文学家、历史学家狄斯累利所言：

"行动不一定就带来快乐，但没有行动则肯定没有快乐。"

人的一生中，有着种种计划，若我们能够将一切憧憬都抓住，将一切计划都执行，事业生涯上的成就，不知会怎样的宏大。我们的生命，不知将怎样的伟大！

我们总是有憧憬而不去抓住，有计划而不去执行，坐视各种憧憬、这样的话计划会幻灭消逝！

希腊神话告诉我们，智慧女神美纳娃，突然从丘比特的头脑中披甲执戈一跃而出。

人们的最大创意、憧憬，像美纳娃一样，往往是在某一瞬间突然从头脑中很完备、很有力地跃出来的。

凡是应该做的事，拖延着不立刻做，想留待将来再做，有着这种不良习惯的人总是弱者。

凡是有力量、有能耐的人，总是那些能够在一件事情意味新鲜及充满热忱的时候，就立刻迎头去做的人。

每天有每天的事。今天的事是新鲜的，与昨日的事不同，明天也自有明天的事。今天之事应该就在今天做完，千万不要拖延到明天！拖延的习惯有碍于人做事。

过度郑重与缺乏自信是做事的大忌。在兴趣热诚浓厚的时候做一件事，与在兴趣热诚消失了以后做一件事，其间的难易、苦乐真不知相差多少！

在兴趣热诚浓厚时，做事是一种喜悦。兴趣热诚消失时，做事是一种痛苦。

搁着今天的事不做而想留等明天做，就在这个拖延中所耗去的时间、精力，实际上能够将那件事做好。

做以前积叠下来的事，我们觉得多么的不愉快而讨厌！

在当初可以很愉快容易地做好的事，拖延了数日数星期之后，就会显得讨厌与困难了。

接到信件，立刻作复，最为容易。因此有的机关、公司中订下规则，不准任何来函隔夜回复。

命运无常良缘难！在我们的一生中，每有良机、佳遇的到来。但总是一瞬即逝。我们当时不把它抓住，以后就永远失掉了。

有计划而不去执行，使之烟消云散，这对于我们的品格力量产生非常不良的影响。

有计划而努力执行，这就能增强我们的品格力量。有计划不算稀奇，能执行订下的计划才算可贵。

一个生动而强烈的意象、观念闯入一位作家的脑海，生出一种不可阻遏的冲动——要想提起笔来，将那美丽生动的意象、观念移向白纸。

但那时他或许有些不方便，所以不立刻就写。那个意象不断的在他脑海中活跃、催促，然而他还是拖延。后来那意象便逐渐的模糊、暗淡了，终至于整个消失！

一个神奇美妙的印象突然闪电一般的袭入一位艺术家的心胸，但是他不想立刻提起画笔将那不朽的印象绘在画布上。这个印象占领了他全部的心灵，然而他总是不跑进画室埋首挥毫。最后这幅神奇的图画，会渐渐地从他的心版上淡去了。

塞万提斯说："取道于'等一会'之街，人将走入'永不'之室二。"

此话说得太对了。

为什么这些印象、冲动是那样的来去无踪？其来时，是那样的强烈而生动；其去时，是那样的迅速而飘忽？

就是因为这些印象之来，原是要我们在当初新鲜灵活时，立刻就去利用它们的。

拖延往往会生出悲惨的结局，凯撒因为接到了报告没有立刻展读，遂至一到议会便丧失了生命。拉尔大佐正在玩牌，忽然有人送来一个报告，说及华盛顿的军队，已经进展到拉华威，他将来件塞入衣袋中，牌局完结他才展开那报告，他看完报告立刻调集部下、出发应战，但时间已经太迟了，结果全军被掳，而他本人也以身殉国。仅仅是几分钟的延迟使他丧失了尊荣、自由与生命！

应该就医而拖延着不去就医，以致病情严重或不能治，这样的人为数不少吧！

习惯之中足以误人的无过于拖延的习惯，世间有许多人都是为此种习惯所累而至陷入悲境。拖延的习惯，最能损害及减低人们做事的能力。

你应该极力避免拖延的习惯，像避免一种罪恶的引诱一样。

假使对于某一件事，你发觉自己有着拖延的倾向，你应该直跳起来，不管那事怎样的困难，立刻动手去做不要畏难、不要偷安。这样久而久之，你自能扑灭那拖延的倾向。

应该将"拖延"当作你最可怕的敌人，因为他要窃去你的时间、品格、能力、财富与自由，而使你成为他的奴隶。

要医治拖延的习惯，其惟一方法，就是事务当前，立刻动手去做。多拖延一分，就足以使那事难做一分。

"要做立刻做去！"这是百万富翁的格言。凡是将这句格言作为座右铭的青年，永不会有悲惨的结局。

以前日军侵占马尼拉时，菲律宾海军的一名文职雇员被捕了。他被关进一个旅馆，两天后又被送往一个集中营，他叫哈蒙。

就在到达集中营的第一天，哈蒙看见一个难友的枕头底下有一本书。他向难友借了这本书。这本书叫做《人人都能成功》。

在哈蒙阅读本书之前，他的情绪很坏。他恐惧地望着在那个集中营里可能遭受的折磨，甚至死亡。

但是，当他读了这本书时，他就为希望所鼓舞了。他渴望拥有这本书，让它同自己一起去迎接前面那些可怕的日子。

哈蒙在同难友讨论《人人都能成功》中的问题时，认识到这本书是他自己一笔巨大财富。

"让我抄这本书吧！"他说。

"当然可以。你开始抄吧！"这是回答。

哈蒙立即开始抄书。一字又一字，一页又一页，一章又一章，他紧张地抄着。

他时刻感到有可能随时失去这本书的苦恼。这本书会在任何时候被拿走，但这种苦恼激励他日夜工作。

真是幸运，哈蒙在抄完这本书的最后一页后不久，他就被转移到臭名昭著的圣多·托到斯城集中营。

哈蒙之所以能及时完成抄书工作，乃是因为他能及时开始这项工作。

哈蒙在三年零一个月的囚犯生活中随时都带着这本书，把它读了又读。这本书给他丰富的精神食粮，鼓舞他产生勇气，制订未来计划，保持和增进心理和生理上的健康。

圣多·托玛斯监狱的囚徒在生理和心理上永远受了伤害——恐惧现在，他恐惧未来。

"但是，我在离开圣多·托玛斯时觉得好多了。在那儿我更好地为生活作了准备，心理上也更活跃些。"哈蒙告诉我们。

在他的谈话中，你可感受到他的主要思想："成功必须不断地实践，否则它会长上翅膀，远走高飞。"

获得卓越创意仍然不够，因为获得创意只占整个解决问题过程的 1/10，其余 9/10 则是对创意的善后工作，立即对创意进行加工。

创意只有与行动结合，才会走向成功。

# 7. 用行动去证明理想

爱德蒙·基恩冲进家门，一把抱住被他惊得不知所措的妻子，兴奋不已地大声说道："观众都站起来向我欢呼，以后你可以有自己的马车，查理也可以去贵族学校读书了！"

小演员基恩一直埋头钻研自己的演技，最终成了当时的大明星。他肤色微黑，天生一副尖嗓子，让人听着很不舒服。然而，刚刚走上演艺事业的他却决定扮演马辛杰戏剧中吉列斯·欧弗里奇爵士这一个前人从未扮演过的全新角色。他屡败屡试，最终让这个角色得到了人们的认可，在整个伦敦引起了轰动。

刚刚进入国会的谢里丹才做了一次演讲就得到了著名记者伍德弗尔这样的评价："请原谅我坦率地说出我的看法，我觉得您不适合做演讲。"并且奉劝他回去做他原来的职业。谢里丹听了这话，托着下巴沉思了片刻，回答说："我不会选择离开，我觉得我适合，以后你会看到的。"后来，谢里丹用自己的行动证明了这一点。被著名的演说家福克斯称赞为众议院有史以来最出色的一篇演说，正是出自谢里丹之口的那篇反驳沃伦·哈斯汀斯的著名演讲。1828 年，伯纳德·帕里希离开了法国南部的家乡出外谋生，那时，他才年满 18 岁。按照他自己的说法，那时候他一本书也没有，只有天空和大地为伴，因为它们对谁都不会拒绝。当时，他还只是个不起眼的玻璃画师，然而他的内心却对艺术充满了无限热忱。

一次，在一个偶然的机会里，他看到了一只精美的意大利杯子，并且被它的美丽完全迷住了，这也因此打乱了他以往的生活模式。从此，一种从未有过的激情完全占据了他的心灵，他决心揭开瓷釉的奥秘，看看它为什么能够赋予杯子如此美丽的光泽。此后，他把自己的全部精力都投入到了对瓷釉的研究中。他自己动手制造熔炉，但第一次失败了。接着，他又造了第二个。这一次虽然成功了，但是这只炉子既费燃料，又耗时间，因此，几乎耗尽了他的全部财产。最后，他因买不起燃料，只得改用普通火炉。试验的屡屡失败，并没有使他心灰意冷，他每次在哪里失败，就从哪里重新开始。最终，在历经无数次失败后，他终于烧出了色彩艳丽的瓷釉。

为了改进工艺，帕里希亲手用砖头垒起了玻璃炉。到了决定试验成败的时候，他连续高温加热了6天，可是瓷并没有熔化，这有些令他出乎意料，但他当时已身无分文了，只好靠借贷买来陶罐和木材，并且想尽一切办法找到更好的助熔剂。一切准备就绪后，他又开始了新一轮试验，然而直到燃料耗尽也仍然毫无结果。他跑到花园里，拆下篱笆上的木栅充当木柴，但仍然没有结果。他又将家具付之一炬，也仍然毫无作用。情急之下，他将餐具室的架子也一并砍碎扔进了火里，这一次奇迹终于出现了。熊熊的火焰终于熔化了瓷釉。秘密终于被揭开了。有志者，事竟成，这句话用在伯纳德·帕里希身上再恰当不过了。

威廉姆·沃特说："一个人如果总是优柔寡断，不知道应该先做什么，那么，他只能一事无成。如果他下决心去做某事，可是一听到朋友的反对意见就改变原来的想法，自己的主意也像风向标一样变来变去，东风来西边倒，西风来东边倒，这样的人永远成就不了大事。他们总是原地踏步，没有任何进步；因此，失败会随时降临到他们头上。"

著名画家雷诺兹说："一个人如果想在绘画上，或者其他艺术领域有所成就，那么，他就应该从早晨起来一直到晚上睡觉都牢记这个目标。"

　　一个出版商对他的代理人说："如果你在两周内一本书都没有卖掉，而你一点都不泄气，那么你一定会成功。"卡莱尔说："先考虑好自己要做什么，然后像赫拉克勒斯那样投入到你的工作中去。"著名画家特纳曾经说："勤奋工作是我成功的惟一秘诀。"

# 第二节  获取成功

## *1.* 要有成功的信念

成功意味着许多美好、积极的事物。成功就是生命的最终目标。

人人都想要成功。每一个人都想要获得一些最美好的事物。没有人喜欢巴结别人，过平庸的生活。也没有人喜欢自己被迫进入某种情况。

最实用的成功经验，可在《圣经》的章节中找到，那就是"坚定不移的信心能够移山"。可是真正相信自己能移山的人并不多，结果，真正做到"移山"的人也不多。

有时候，你可能会听到这样的话："光是像阿里巴巴那样喊：'芝麻，开门！'就想把山真的移开，那是根本不可能的。"说这话的人把"信心"和"希望"等同起来了。不错，你无法用"希望"来移动一座山，也无法靠"希望"实现你的目标。

但是，拿破仑·希尔告诉我们："只要有信心，你就能移动一座山。"只要相信你能成功，你就会赢得成功。

关于信心的威力，并没有什么神奇或神秘可言。信心起作用的过程是这样的：相信"我确实能做到"的态度，产生了能力、技巧与精力这些必备条件，每当你相信"我能做到"时，自然就会想出"如何去做"的方法。全国各地每天都有不少年轻人开始新的工作，他们都

"希望"能登上最高阶层，享受随之而来的成功果实。但是他们绝大多数都不具备必需的信心与决心，因此他们无法达到顶点。也因为他们相信自己达不到，以致找不到登上巅峰的途径，他们的作为也一直只停留在一般人的水平。

但是还是有少部分人真的相信他们总有一天会成功。他们抱着"我就要登上巅峰"（这并不是不可能的）的积极态度来进行各项工作。这批年轻人仔细研究高级经理人员的各种作为，学习那些成功者分析问题和作出决定的方式，并且留意他们如何应付进退。最后，他们终于凭着坚强的信心达到了目标。

信心是成功的秘诀。拿破仑曾经说过："我成功，是因为我志在成功。"如果没有这个目标，拿破仑必定没有毅然的决心与信心，当然成功也就与他无缘。

信心不仅能使一个白手起家的人成为巨富，也会使一个演员在风云变幻的政坛上大获成功，美国第四十届总统——罗纳德·里根就是有幸掌握这个诀窍的人物。里根是一个演员，却立志要当总统。

从22岁到54岁，罗纳德·里根从电台体育播音员到好莱坞电影明星，整个青年到中年的岁月都陷在文艺圈内，对于从政完全是陌生的，更没有什么经验可谈。这一现实，几乎成为里根涉足政坛的一大拦路虎。然而，当机会来临，共和党内和保守派和一些富豪们竭力怂恿他竞选加州州长时，里根毅然决定放弃大半辈子赖以为生的影视职业，决心开辟人生的新领域。

当然，信心毕竟只是一种自我激励的精神力量，若离开了自己所据有的条件，信心也就失去了依托，难以变希望为现实。大凡想有所作为的人，都须脚踏实地，从自己的脚下踏出一条远行的路来。正如里根要改变自己的生活道路，并非忽发奇想，而是与他的知识、能力、经历、胆识分不开的。有两件事树立了里根角逐政界的信心。

一是当他受聘通用电气公司的电视节目主持人。为办好这个遍布全美各地的大型联合企业的电视节目，通过电视宣传、改变普遍存在的生产情绪低落的状况，里根不得不用心良苦，花大量时间巡回在各个分厂，同工人和管理人员广泛接触。这使得他有大量机会认识社会各界人士，全面了解社会的政治、经济情况。人们什么话都对他说，从工厂生产、职工收入、社会福利到政府与企业的关系、税收政策等等。

里根把这些话题吸收消化后，并通过节目主持人身份反映出来。立刻引起了强烈的共鸣。为此，该公司一位董事长曾意味深长地对里根说："认真总结一下这方面的经验体会，为自己立下几条哲理，然后身体力行的去做，将来必有收获。"这番话无疑为里根产生弃影从政的信心埋下了种子。

另一件事发生在他加入共和党后，为帮助保守派头目竞选议员，募集资金，他利用演员身份在电视上发表了一篇题为"可供选择的时代"的演讲。因其出色的表演才能，大获成功，演说后立即募集了一百万美元，以后又陆续收到不少捐款，总数达六百万美元。《纽约时报》称之为美国竞选史上筹款最多的一篇演说。里根一夜之间成为共和党保守派心目中的代言人，引起了操纵政坛的幕后人物的注意。

这时候传来更令人振奋的消息，里根在好莱坞的好友乔治·墨菲，这个地道的电影明星，与担任过肯尼迪和约翰逊总统新闻秘书的老牌政治家塞林格竞选加州议员。在政治实力悬殊巨大的情况下，乔治·墨菲凭着38年的舞台银幕经验，唤起了早已熟悉他形象的老观众们的巨大热情，意外地大获全胜……

原来，演员的经历，不但不是从政的障碍，而且如果运用得当，还会为争夺选票赢得民众发挥作用。里根发现了这一秘密，便首先从塑造形象上下功夫，充分利用自己的优势——五官端正，轮廓分明的好莱坞"典型的美男子"的风度和魅力，还邀约了一批著名的大影星、歌星、画家等艺术名流出来助阵，使共和党竞选活动别开生面，大放异彩，吸引了众多观众。

然而这一切在里根的对手，多年来一直连任加州州长的老政治家布朗的眼中，却只不过是"二流戏子"的滑稽表演。他认为无论里根的外部形象怎样光辉，其政治形象毕竟还只是一个稚嫩的婴儿。于是他抓住这点，以毫无政治工作经验为实进行攻击。殊不知里根却顺水推舟，干脆扮演一个淳朴无华、诚实热心的"平民政治家"。里根固然没有从政的经历，但有从政经历的布朗恰恰有更多的失误，给人留下把柄，让里根得以辉煌。

二者形象对照是如此鲜明，里根再一次越过了障碍。帮助他越过障碍的正是障碍本身——没有政治资本就是一笔最大的资本。因而，每个人一生的经历都是最宝贵的财富。不同的是，有的人只将经历视为实现未来目标的障碍，有的人则利用经历作为实现目标的法宝，里根无疑属于后者。

就在里根如愿以偿当上州长问鼎白宫之时，曾与竞争对手卡特举行过长达几十分钟的电视辩论。面对摄像机，里根发挥出淋漓尽致的表演效果，时而微笑，时而妙语连珠，在亿万选民面前完全凭着当演员的本领，占尽上风。相比之下，从政时间虽长，但缺少表演经历的卡特却显得相形见绌。

成功者大都有"碰壁"的经历，但坚定的信心使他们能通过搜寻薄弱环节和隐藏着的"门"，或通过总结教训而更有效地谋取成功。

有人说时里根鸿运高照，其实，里根的鸿运通常都是他信心坚定的结果。在他担任美国总统期间，也无疑显示了一个权力爱好者的品格，他曾下令出兵格林纳达，并空袭利比亚。但这个西部牛仔性格的一代的君王，并非一个缺乏自制的权力瘾君子，他明白"共存共荣"的重要性，并坚信防御能力，因而提出了战略防御计划。当时的苏联领导人戈尔巴乔夫，在雷克雅卫克高峰会议上提出了武器裁减计划，试图使里根放弃战略防御构想。若里根反对，就显得他对和平毫无诚意。里根素来在谈判桌上表现得很有风度，他强抑怒火，退出了谈判。但他并未退缩，继续与苏联人周旋，利用苏联不断坏死的经济迫使对方让步。最后，戈尔巴乔夫屈服了，签订了有史以来第一次核裁军条约。

通过里根的经历，我们可以感觉到：信心的力量在成功者的足迹中起着决定性的作用，要想事业有成，就必须拥有无坚不摧的信心。

信心对于立志成功者具有重要意义。有人说：成功的欲望是创造和拥有财富的源泉。人一旦拥有了这一欲望并经由自我暗示和潜意识的激发后形成一种信心，这种信心便会转化为一种"积极的感情"。它能够激发潜意识释放出无穷的热情、精力和智慧，进而帮助其获得巨大的财富与事业上的成就。所以，有人把"信心"比喻为"一个人心理建筑的工程师"。在现实生活中，信心一旦与思考结合，就能激发潜意识来激励人们表现出无限的智慧的力量，使每个人和欲望所求转化为物质、金钱、事业等方面的有形价值。

在每一个成功者或巨富的背后，都有一股巨大的力量——信心在支持和推动着他们不断向自己的目标迈进。所以，拿破仑·希尔可以肯定地说：信心是生命和力量。信心是奇迹。

信心是创立事业之本。不计辛劳，勇往直前，定让你的人生大放异彩。

## 2. 把成功心态据为己有

从前一个年轻的英国人在他的农场里度假休息，他仰卧在一棵苹果树下，正想着问题，这时，一只苹果落到了地上。这个年轻人是一位学习高等数学的学生。

"苹果为什么会落到地上呢？"他问他自己。地球会吸引苹果吗？苹果会吸引地球吗？它们会互相吸引吗？这里面包含着什么普遍原理呢？

这个年轻人就是牛顿。他用思考的力量，获得了一项极其重要的发现。用积极心态从心理上进行观察就是思考。通过思考，他找到了答案：地球和苹果互相吸引，物质吸引物质的定律可以适用于整个宇宙。

牛顿由此发现了万有引力。

牛顿是向他自己提出问题，另一个人却向专家征求建议。但他们都成功了。

1869 年在日本，御木本幸吉的父亲——一个乡村制面条工，生病了，不能工作了。这时御木本只有 11 岁，他不得不继承父业，当乡村面条工。这个少年要奉养他的双亲，6 个兄弟和 3 个姊妹，每天除去做面条外，还必须出售面条。这证明他不仅是一个能干的生产者，还是一名优秀的售货员。

御木本以前曾向一位家庭教师——一位武士学习过。武士曾教导他说："真正忠诚的模范包括亲切的行动和对他的同胞的热爱，绝非仅仅死记形式上的祈祷文。"

御木本有了这种积极行动的、基本的积极心态的哲学，就成了一位实业家。他养成了把自己的想法转变成现实的习惯。

他在20岁时爱上了一位武士的女儿。这个年轻人深知他未来的岳父不会愿意让自己的女儿同一个制面条的工人结婚。因此，他就激励自己要和对方的身份相称。他改换了他的职业，成了一位珍珠商人。

像世界上许多取得了成就的人一样，御木本不断地寻求能够帮助他从事新活动的特殊知识。他像现代大工业家们一样，向大学寻求知识。水仓芳吉教授告诉他一种尚未被证实过的关于自然定律的理论。

这位教授说："当外界的一种物体，比如一粒沙子，黏到牡蛎的体内时，就会形成了一颗珍珠。如果外界的物体不会杀死牡蛎，牡蛎就以一种分泌物包住这个物体，这种分泌物就会在牡蛎的壳内形成珍珠母。"

御木本的热情燃烧起来了！他立即向自己提出一个问题："我能饲养牡蛎，然后仔细地放一个微小的外界物体到牡蛎的体内，让它自然形成吗？"他简直迫不及待地要得到这个问题答案。

御木本首先根据向那位大学教授学到的知识去进行观察，然后应用他的想像力并进行创造性的思考。他认为如果所有的珍珠仅仅是当外界物体进入牡蛎体内时才能形成，他就能使用这一自然定律进行珍珠生产。他能把外界物体置于牡蛎体内，迫使牡蛎生产珍珠。他学会了观察和行动，终于取得了成功。

牛顿和御木本都是怎样做到成功的呢？

首先，他们都善于发问。

对你自己或别人提出你感到疑惑的问题，可能使你获得丰厚的报酬。

当我们学习用新的眼光观察事物时，我们心中所涌现的许多想法会让人感觉异想天开。这些想法既能吓倒我们，也会使我们获得财富，如果我们照着它们行事的话。

其次，他们有认识并重塑自我的信念。

有一种信念能最大限度地影响我们的生活、事业以及一切，并能让你出人头地，那就是我们对自己身份的确认，即自我确认。两千年前，古希腊哲学家苏格拉底说得更为简练有力："认识你自己！"假使我们能够突破生命的迷茫，那么，就不难重新塑造了。

能够以合理、正确的态度对自己所持有的资产进行重新评估评，有助于你认清事实。

有一次，一位50来岁的男人来找卡耐基寻求帮助与建议，他正处于失意的困境中，并显出绝望无助的模样。他对卡耐基表示："我已经不行了！"并悲叹地说道，他花了一辈子功夫努力所得到的资产竟突然毁于一旦。卡耐基问他："完完全全的吗？"他回答说："是的，一点也不错！现在，我已经上了年纪，即使想东山再起，也没有这个本钱了。而且，我已经信心尽失了。"他继续说着。

卡耐基对他的境遇感到遗憾和同情。不过，由于他烦恼的真正原因在于失去希望后，一种悲观的阴影进入他的心中，进而扭曲了他的人生观，因此，卡耐基试图唤醒他的积极人生。卡耐基对他说："拿张纸来，把你剩余的资产一一记下来。"他叹息地说："没有用的！我刚才不是已经告诉你了，我已经一无所有了。

"没有关系，让我们试试看。你太太还在你身边吗？"

"你为何这样问？当然在了！她是了不起的女人。我们结婚已经30多年，不论发生任何大风大浪，她也绝对不会离开我或提议离婚的。"

"好！就把这点写下来吧！——你的妻子依然跟你同甘苦、共患难，而且绝对不会提议离婚。现在谈谈你的孩子，你的孩子怎么样呢?"

"我有两个孩子,而且都是好孩子。我很感谢他们曾经很贴心地对我说:'我们喜欢你,我们希望能够帮助爸爸!'"

"那么第二点就是——你拥有两个深爱着你,且希望帮助你的孩子。你的朋友如何呢?"

"我有真正称得上了不起的朋友,他们是善良的温和的好人。他们都曾对我表示乐于施以援助之手,但是他们能帮得上什么忙呢?实际上,他们并不能真的做些什么!"

"好了,第三点也有了——你有一些好友,他们乐于帮助你,也对你相当尊敬。那么关于你个人的诚信与认真程度如何呢?还有,你有没有做过错事?"

"我的认真态度可说是接近完美的,从过去以来,我一直努力做些正当的事,而且我的良心也没有受到蒙蔽。"

"好的!把第四点的答案写下来吧——诚实。那么,你的健康情况如何呢?"

"我的健康情况良好,我几乎没有因病告假。我想,我的身体是相当健壮的。"

"非常好!现在把第五点的答案记下——良好的健康状况。对于我们政府,你有没有什么意见呢?你认为它将继续繁荣成长,并拥有希望吗?"

"是的,我国是一个优秀的国家,我想她是世界上唯一让我想定居的地方。"

"这是第六点答案——你居住在充满希望的国家里,并且相当乐意居住于此。"

现在,卡耐基把他拥有的资产列举出来——

158

了不起的妻子……结婚 *30* 年；

愿意帮助我的两个乖顺的孩子；

乐于帮助我，并尊敬我的好友；

诚实……没有做过可耻的事；

良好的健康状况；

居住在世上最优秀的国家。

卡耐基将写妥的纸片推向坐在桌子那端的他，并说道："你看吧！我想你完全持有上面列举的这些资产。虽然，你曾经自以为失去了一切而一无所有……"

他莞尔一笑，对卡耐基表示："我好像没有想过这些事，甚至从来没有思索过。不过，现在我认为事态并不如我想像的那般严重。"他仿若深思地自语道："如果我能获得某些自信，如果我能自觉有某些力量在我体内，或许我真的能够重新再来！"

就这样，他获得了东山再起的巨大力量。他之所以能够如此，主要是由于他重新塑造了自己，这样，使他的内心赋予足以克服一切困难的充分力量！因此，一切困难也就迎刃而解了。

在我们的生命中，最重要的转折点经常会出现在最令人料想不到的时刻，并以最令人料想不到的方式出现。这里所说的这个例子，发生在芝加哥市。

有一天，一个流浪汉来到卡耐基的办公室，要求与他谈谈。卡耐基放下手中的工作，抬起头来和他打了个招呼。他说："我来到这儿，是想见见这本小书的作者。"说着，他从口袋中拿出一本名为《人性的优点》的小书，那是卡耐基在许久以前写的。他继续说道："一定是命运之神在昨天下午把这本小书放入我的口袋中的，因为我当时决定跳到密歇根湖，结束残生。我已经看破一切，对一切都已经绝望，所有的人（包括上帝在内）已经抛弃了我，但还好，我看到了这本书，使产生新的看法，为我带来勇气及希望，并支持我度过昨晚上。我已下定决心，只要我能见到这本书的作者，他一定能协助我再度站起。现在，我来了，我想知道你能替我这样的人做些什么。"

在他说话的时候，卡耐基从头到脚把他打量了一遍，不得不坦白承认，在内心深处，卡耐基并不相信能替他做些什么，但又不能把这些话告诉他。他眼中茫然的神情、脸上沮丧的皱纹、他的身体姿势、脸上十几天未刮的胡须，以及他那紧张的神态，完全显示出，他已经无可救药要了。但卡耐基不忍心对他这样说，因此，卡耐基请他坐下来，要他把他的故事完完整整地讲一遍。

那人详详细细地说出了他的故事，其中要点如下：他把他的全部财产投资在一种小型制造业上。1914 年，世界大战爆发，使他无法获得他的工厂所需的原料，因此他只好宣告破产。金钱的丧失，使他大为伤心，也令他十分沮丧，于是，他离开了妻子女儿，成为一名流浪汉。他对于这些损失一直无法忘怀，而且愈来愈难过，到最后，甚至考虑要自杀。他讲完自己的故事后，卡耐基对他说："我已经以极大的兴趣听完你的故事，我希望我能对你有所帮助，但事实上，我却没有能力帮助你。"他的脸色立刻苍白得像是已经躺在棺材中的死尸，他向椅背一靠，低下头，喃喃说道："这下子完蛋了。"卡耐基等了几秒钟，然后说道：

"虽然我没有办法帮助你，但如果你愿意的话，我可以介绍你去见本大楼的一个人，他可以帮助你赚回你所损失的钱，并且协助你东山再起。"卡耐基刚说完这几句话，他立刻跳了起来，抓住他的手，说道："看在老天爷的份儿上，请带我去见这个人。"

他会为了"老天爷的份儿"而提此要求，这实在是很令人感到鼓舞的。这显示他心中仍然存在着一丝希望，所以，卡耐基拉着他的手，引导他来到从事个性分析的心理试验室里，卡耐基把布帘拉开，露出一面高大的镜子，他可以从镜子里看到自己的全身。卡耐基用手指着镜子说："我答应介绍你跟他见面的，就是这个人。在这世界上，只有一个人能够使你东山再起，除非你坐下来，彻底认识这个人，当作你并未认识他。否则，你只能跳到密歇根湖里，因为在你对这个人没有充分的认识之前，对于你自己或这个世界来说，你都将是个没有任何价值的废物。"

那人朝着镜子向前走了几步，用手摸摸他长满胡须的面孔，对着镜子里的人从头到脚打量了几分钟，然后后退几步，低下头，开始哭泣起来。卡耐基知道，忠告已经发挥功效了，所以送他离去。几天后，卡耐基在街上碰见了这个人。他整个人已经完全改变，几乎认不出来。他的步伐轻快有力，头抬得高高的。他原来那种衰老、不安、紧张的神态已经消失不见。他从头到脚打扮一新，看来很成功的样子，而且他也似乎有这种感觉。他把卡耐基拦下来，告诉卡耐基究竟发生了什么事，使他能从彻底的失败中，迅速转变成一个充满希望的人。

他解释说："我正要到你的办公室去，把好消息告诉你。那一天我离开你的办公室时，还只是一位落魄潦倒的流浪汉，但是，虽然我的外表落魄，我仍然替自己找到了一项年薪3万美元的工作。想想，老天爷，一年3万美元！我的老板并且先预支了一些薪水给我，要我去买些新衣服，结果就是你现在看到的这个样子。他还预支了我一些钱，让我能寄一部分回去给我的家人，我现在又走上致富之路了，这似乎就像是一场梦。我想到，仅仅在几天以前，我还是个失去了希望、信心与勇气的人，而且甚至还考虑要自杀呢。

"我正要前去告诉你，将来有一天，当你根本没有想到我时，我还要再去拜访你一次，而当我这样做时，我将是一名成功人物了。我将带去一张支票，签好字，收款人是你，金额是空白的，由你填上数字。因为你介绍我认识了自己，而把我从自怨自艾之中解救出来——我以前并不认识我自己，幸好你要我站在那面大镜子前，把真正的我指给我看。"

那人说完话，转身走入芝加哥拥挤的街道，这时，卡耐基终于发现了，这是他生命中的第一次。在从来不曾发现"自立"价值的那些人的意识中，原来隐藏了巨大的力量与各种潜能。是的，就是这种巨大的力量与各种潜能使许多人重新评估并塑造自己，最终在事业中找到了自己的立足点。

弗吉尼亚的一个女孩子戴伯娜讲述了她的一个故事：

"我从小就是胆小鬼，从不敢参加体育活动，生怕受伤，但是参加卡耐基的讨论会之后，我竟然能进行潜水、跳伞等冒险运动。

"事情的转变是这样的，卡耐基告诉我应该转变自我确认，从内心深处驱除胆小鬼的信念。我听从了卡耐基的建议，开始把自己想像为有勇气的高空跳伞者，并且战战兢兢地跳了一回伞，结果朋友们对我的看法变了，认为我是一个精力充沛、喜欢冒险的人。"

"其实，我内心仍认为自己是胆小鬼，只不过比从前有了一些进步而已。后来，又有一次高空跳伞的机会，我就视之为改变自我确认的好机会，心里也从'想冒险'向敢冒险转变。当飞机上升到15000米的高度时，我发现那些从未跳过伞的同伴们的样子很有趣。他们一个个都极力使自己镇定下来，故作高兴地控制内心的恐惧。我心想，以前我就是这样子吧！刹那间，我觉得自己变了。我第一个跳出机舱，从那一刻起，我觉得自己成了另外一个人。"

这则故事里，戴伯娜变化的主要原因在于重新塑造了自己。她一点一滴地淡化掉旧存的自我，一下子采取新的自我，从而在内心深处想好好表现一番，以作为别人的榜样。最终，戴伯娜从一个胆小鬼变成一位敢于冒险、有能力并且要去体验人生的新女性。她的这一变化，也影响了她后来生活中的每一件事，包括她的家庭以及事业。

罗德岛人曾用黄金镌刻了伟大的奥林匹克颂歌，而查尔斯·萨姆纳发表的题为《一国的自由与部分地区的奴隶制》的演讲，也值得用金书铭刻。他在演讲中说："我没有付出多少努力，也没有怀着太多的愿望，就成了参议员。在这之前我也没有任何从政的经历。在生活中能遇上这么多的机会，我自己感到心满意足。在我的墓志铭上写下这几句话是再恰当不过的了，'长眠于此地的人，他不在乎名利，只是为他的同胞做了一点有益的事。'我忘掉了自己的利益。如果能够表达我对市民同胞和参议院的各位兄弟的友好和善意，我随时都愿意牺牲自己的一切。我已经将自己的一切都奉献给了这项事业。"

让马萨诸塞市民难以忘怀的是，在三月的一天，波士顿奥本山脉周围的小镇敲响了丧钟。长号呜咽，哀乐响起，在红彤绚烂的曙光中，查尔斯·萨姆纳的躯体投入了大地的怀抱。他的人生是崇高的。他从自己的人生经历中悟出了人间最朴素的真理——他留给世人最后的遗嘱就是"品格是人生中最为重要的东西。"

确认自我并重新塑造自己的力量的是巨大的，他不仅可以改变个人的命运，而且可以改变集体的命运，甚至国家的命运。每一个人都有自己擅长的事情，成功其实就是重塑自己并做你最擅长的事，这样就可以不费吹灰之力，就把事情做得干净利落。重塑自己，发挥你与众不同的优势，一定不要放弃，做自己最喜欢的，做自己最擅长的，在快乐的自我实现当中找到成功的梯子。

## 3. 成功偏爱专注的人

　　有天早上，阿瑟路过一家理发店，便决定进去理理头发。这家店的理发师像大多数理发师一样，是个拥有积极心态，乐观开朗、极为健谈的人。他兴致勃勃地给阿瑟讲了一大堆毫无意义的趣闻轶事和道听途说的传闻，阿瑟对此没有任何兴趣。

　　理发师讲起话来漫无边际，喋喋不休。好不容易挨到他把最后一句话说完，阿瑟终于长出了一口气，坐在椅子里闭目养神。理发师注意到了阿瑟态度的细微变化，于是放下了手中的剪刀。

　　"哎，我说，"理发师一屁股坐在椅子上，重重叹了口气，"我滔滔不绝地为你讲了20多分钟故事，你为何始终一言不发呢？"阿瑟听后笑了笑，他的笑容确实很优雅，而且光芒四射。"我的朋友，"阿瑟说，"我这样做是想让你知道，你的工作是为我理发，而我的任务是坐在这里让你理发。你瞧，如果我俩都能集中精力，认真履行好自己的职责，那么我们的工作就接近于完美了。"

　　理发师听了阿瑟的话后，在余下的时间里竟然管住了自己的嘴巴，再没讲过一句话。阿瑟得以有时间浏览了最新一期的《汽车与驾驶》杂志，并在临走时付给了这位理发师一笔数目不菲的小费。

　　你明白了吗？我们每个人对生活都应该毫无怨言、专心致志地做好自己该做的事，这样一来，许多事情就会变得简单。事情越简单，你从中的获益反而越多。

　　"专注"就是把意识集中在某个特定的欲望上的行为，并要一直集中到已经找出实现这项欲望的方法，而且成功地将之付诸实际行动为止的一种积极心态。

自信心和欲望是构成成功的积极心态——"专心"的主要因素。没有这些因素，"神奇之钥"也毫无用处。为什么只有很少数的人能够使用这把钥匙，最主要的原因是大多数人缺乏自信心，而且没有什么特别的欲望。

对于任何东西，你都可以渴望得到，而且，只要你的需求合乎理性，并且十分热烈，那么，"专心"这把"神奇之钥"将会帮助你得到它。

人类所创造的任何东西，最初都是透过欲望而在想像中创造出来的，然后经由"专心"而变成事实。

现在，我们且经由一个明确的公式，对这把"神奇之钥"做一次试验。

首先，你必须放弃怀疑与疑惑。对任何事情都抱着怀疑态度的人，将无法采用这把"神奇之钥"，你必须对即将进行的实验抱着信任的态度。

你必须假设你考虑要成为一个成功的作家，或是一位杰出的演说家，或是一位成功的商界主管，或是一位能力高超的金融家。我们将把演讲当作是这项实验的主题，但要记住，你必须确实遵从指示。

取一张白纸来，大约普通信纸大小，在纸上写下如下内容：

我要成为一位有力的演说家，因为这可以使我对这个世界提供它所需要的服务。因为它将为我带来金钱收入，使我可以获得生活中的物质必需品。

我将在每天就寝前及起床后，花上 10 分钟，把我的思想集中在这项愿望上，以决定我应该如何进行，才能把它变成事实。

我知道我可以成为一位有力而且具有吸引力的演说家，因此，我绝不允许任何事情来妨碍我这样做。

最后你要做的是在纸张的右下角签上名字。

签下这份誓词，然后按照宣誓的内容去进行，直到获得的结果为止。

当你要专心致志地集中你的思想时，就应该把你的眼光望向 1 年、3 年、5 年、或甚至 10 年后，幻想你自己是你这个时代最有力量的演说家。在想像中假设，你有相当不错的收入；假想你拥有自己的房子，是你利用演说的金钱报酬购买的；幻想你在银行里有一笔数目可观的存款，准备将来退休养老之用；想像你自己是位极有影响的人物，因为你是位杰出的演说家；假想你自己正从事一项永远不用害怕失去地位的工作。要注意的是，在这个时候，积极的心态一直发挥着作用。

利用你的积极心态，清晰地描绘出上面这种情景，它将很快转变成一幅美好而深刻的"愿望"情景。

# 4. 专注是成功的神奇钥匙

没有专注，就不能应付生活，生活要求专注，头脑必须专注。

## 一、成功的神奇之钥

在把这把钥匙交给你之前，先让拿破仑·希尔告诉你它有些什么用处。

这把神奇之钥会构成一般无法抗拒的力量。它将打开通往财富之门。它将打开通往荣誉之门。

在很多情况下，它会打开通往健康之门。

它也将打开通往教育之门，让你进入你所有潜在能力的宝库。

在这把"神奇之钥"的协助下，我们已经打开通往世界所有各种伟大发明的秘密之门了。

我们人类以往所有的伟大天才，都是经由它的神奇力量发展出来的。

卡内基、洛克菲勒、哈里曼、摩根等人都是在使用这种神奇的力量之后，成为了大富翁。

它将打开监狱铁门，把人类残渣变成有用及值得信任的人。它将使失败者变为胜利者，使悲哀变成快乐。你会问："这把'神奇之钥'是什么？"

拿破仑·希尔的回答只有两个字："专心"。现在，把这儿使用的"专心"一词的定义介绍如下：

"专心"就是把意识集中在某个特定的欲望上的行为，并要一直集中到已经找出实现这项欲望的方法，而且成功地将之付诸实际行动为止。

把意识"集中"在一个特定"欲望"上的行为，牵涉到两项重要法则。其中一项法则就是"自我暗示"，另一项就是"习惯"。前面一项已经在前几章中作过描述，现在来简单地描述——"习惯"这个法则。

## 二、习惯是一种力量

习惯是一种力量，通常，思想能力一般的人就能够辨认出这种力量，但一般人所看到的往往是它的不好的一面，而不是它美好的一面。

习惯往往会成为一个残酷的暴君，统治及强迫人们违背他们的意愿、欲望与爱好。那么，这股强大的力量是否能够控制及利用，使它能够为人们提供服务，就如同其他的自然力量一样。如果人们能够成就这项结果，那么，人们也许能支配习惯，使它替人们服务，使人们不再是习惯的奴隶，也不会再一面抱怨，一面却要老老实实地服侍它。

近代的心理学家已经肯定地告诉我们，我们绝对可以支配、利用及指挥习惯替我们工作，而不必被迫听任习惯去支配我们的行动与个性。已经有很多人应用这项新知识，并且使习惯的力量成为新的途径，强迫它发挥行动的功能，而不是让它作无谓的浪费，或让它破坏肥沃的心灵田园。

习惯是一条"心灵路径"，我们的行动已经在这条路径上旅行多时，每经过它一次，就会使这条路径便深一点，更宽一点。如果你曾经走过一处田野，或经过一处森林，你就会知道，你一定会很自然地选择一条最干净的小径，而不会去走一条比较荒芜的小径，更不会去选择横越田野，或从林中直接穿过去，自己走出一条新路来。心灵行动的路线则是完全相同的，它会选择最没有阻碍的路线来行进——走上很多人走过的道路。习惯是由重复创造出来的，并根据自然法则而养成，这可在所有生命的物体上表现出来，或者也可以表现在没有生命的事物上。关于后者，我们可举个例子。一张纸一旦以某种方式折起来，下一次它还会按照相同的折线被折起。衣服或手套会因为使用者的使用，而形成某些褶痕，而这些褶痕一旦形成了，就会永远存在，不管你是否经常洗烫。河流或小溪从地面上流过，形成了它们的流动路线，以后它们就会按照这个习惯路线来流动。这种法则各处都可通用。

这些说明可以帮助你了解习惯的性质，也将协助你开辟新的心灵道路——新的心灵褶痕。还有你一定要随时记住这一点，若要除掉旧习惯，最好的（也可以说是惟一的）方法就是培养出你的新习惯，来对抗及取代不妥的旧习惯。开辟新的心灵道路，并在上面走动以至旅行，旧的道路很快就会被遗忘，而且，时间一久，将因为长期未使用，而被荒原所淹没。每一次你走过良好的心理习惯的道路，都会使这条道路变得更深更宽，也会使它在以后更容易行走。这种心灵的筑路工作，是十分重要的。请你开始修建理想的心灵道路，供你在上面旅行，然后，练习、练习、练习——做一个好的筑路者。

三、自信与欲望是成功的主因

自信心和欲望是构成成功的"专心"行为的主要因素。没有这些因素，"神奇之钥"也毫无用处。为什么只有很少数的人能够使用这把钥匙，最主要的原因是大多数人缺乏自信心，而且没有什么特别的欲望。

对于任何东西，你都可以渴望得到，而且，只要你的需求合乎理性，并且十分热烈，那么，"专心"这把"神奇之钥"将会帮助你得到它。

人类所创造的任何东西，最初都是透过欲望而在想象中创造出来的，然后经由"专心"而变成事实。

现在，我们且经由一个明确的公式，对这把"神奇之钥"做一次试验。

首先，你必须放弃怀疑与疑惑。对任何事情都抱着怀疑态度的人，将无法采用这把"神奇之钥"，你必须对即将进行的实验抱着信任的态度。

你必须假设你考虑要成为一个成功的作家，或是一位杰出的演说家，或是一位成功的商界主管，或是一位能力高超的金融家。我们将把演讲当作是这项实验的主题，但要记住，你必须确实遵从指示。

取一张白纸来，大约普通信纸大小，在纸上写下如下内容：我要成为一位有力的演说家，因为这可以使我对这个世界提供它所需要的服务。因为它将为我带来金钱收入，使我可以获得生活中的物质必需品。

我将在每天就寝前及起床后，花上 10 分钟，把我的思想集中在这项愿望上，以决定我应该如何进行，才能把它变成事实。

我知道我可以成为一位有力而且具有吸引力的演说家，因此，我绝不允许任何事情来妨碍我这样做。

签名签下这份誓词，然后按照宣誓的内容去进行，直到获得的结果为止。

当你要专心致志地集中你的思想时，就应该把你的眼光望向 1 年、3 年、5 年、或甚至 10 年后，幻想你自己是你这个时代最有力量的演说家。在想象中假设，你有相当不错的收入；假想你拥有自己的房子，是你利用演说的金钱报酬购买的；幻想你在银行里有一笔数目可观的存款，准备将来退休养老之用；想象你自己是位极有影响的人物，因为你是位杰出的演说家；假想你自己正从事一项永远不用害怕失去地位的工作。

利用你的想象能力，清晰地描绘出上面这种情景，它将很快转变成一幅美好而深刻的"愿望"情景。把这项"愿望"当作是你"专心"的主要目标，看看会发生什么结果。你现在已经掌握了"神奇之钥"的秘密。

不要低估"神奇之钥"的力量，不要因为它来到你面前时未披上神秘的外衣，或是因为我们用人人都懂的文字来形容它，你就低估了它的力量。所有伟大的真理都是很简单的，而且容易被了解；如果不是这样，那么，它们就不能算是"伟大"的真理。

以智慧来使用这把"神奇之钥"，而且只是为了达成有价值的目标，那么，它将为你带来持久的幸福与成就。只要你相信自己办得到，你就能够办得到。

四、集中注意力能调整思想

拿破仑·希尔的一位朋友发现他自己患了一般人所说的"健忘

症"。他变得心不在焉，记不住任何事情。现在，引用他的话，让你明白他是如何克服他的这项障碍：

"我已经50岁了。10年来，我一直在一家大工厂担任某个部门的经理。起初我的职务很轻松。接着，公司迅速扩大业务，使我增加了额外的责任。我那一部门的几位年轻人已经表现出不寻常的精力与能力——他们之中至少有一位企图取得我的职位。

像我这种年龄的人大都希望过舒适的生活，而且，我在公司已服务过很长的一段岁月了，因此，我觉得我大可以轻轻松松地工作，安心地在公司呆下去。但这种心理态度几乎使我失掉了我的职位。大约两年前，我开始注意到，我专心工作的能力已经衰退了，我的工作变得令我心烦。我忘记处理信件，直到后来，桌上的信堆积如山，我看了大吃一惊。各种报告也被我积压下来，使我的部属大感不便。我人虽然坐在办公桌前，但脑中却想着别处。

其他的情形也都显示出，我的心思并没有放在工作上。我忘了参加公司一个重要的主管会议。我手下的职员发现我在估计货物时犯了一个很严重的错误，当然，他也设法让总经理知道了这件事。

对于这种情形我真是惊讶万分。于是我请了一个星期的假，希望把这种情形好好想一想。我在一处偏远山区的度假别墅内严肃地反省了几天，使我深信自己是患了健忘症。我缺乏专心工作的力量，我在办公室的肉体及心理活动变得散漫无目的。我做事漫不经心，懒懒散散，粗心大意，这完全是因为我的思想未放在工作上的缘故。我在满意地诊断出我的毛病之后，就寻求补求之道。我需要培养出一套全新的工作习惯，我决心要达到这个目标。

我拿出纸笔，写下我一天的工作计划。首先，处理早上的信件，然后，填写表格、口授信件、召集部属开会、处理各项工作。每天下

171

班之前，先把办公桌收拾干净，然后离开办公室。

我在心里问自己'如何培养这些习惯呢?'获得的答案是'重复这些工作。'在我内心深处的另一个人提出抗议说，'但是，这些事情我已经一而再，再而三地做过几千次了。我心中的声音回答说，'不错，但是，你并未专心从事这些工作。'

我回去上班，立即把我的新工作计划付诸实施。我每天以同样的兴趣从事相同的工作，而且尽可能地在每天的同一时间内进行相同的工作。当我发现我的思想又开始想到别处时，我立刻把它叫了回来。

利用我的意志力所创造出的一种心里的刺激力量，使我不断地在培养习惯方面获得进步。后来，我发现，我每天虽然做同样的事情，但却感到很愉快，这时，我知道我已经成功了。'专心'本身并没有什么神奇，只是控制注意力而已。"

拿破仑·希尔深信，一个人只要集中注意力，就能调整自己的思想，使它能接受空间的所有思想波。这样，整个世界都将成为一本公开的书籍，供你随意阅读。

五、凡事专注必定能达到成功

甚至在一种极特别的情形之下，只要我们能找着另一个专心的对象，我们仍是能保持泰然的态度的。许多年以前的一个晚上，芝加哥城里举行一次聚会，有一大群人正围着一对看热闹的老夫妇。这是一对样子很怪的老夫妇，穿着几十年前的做客衣服。这群好奇的群众注视着他们的一举一动，而引以为快乐。但是他们似乎完全不觉得自己被众人注目。他们只管自己。他们被街市的繁华所吸引了，而丝毫没想到自己。但是他们的那种乡土模样及举止引起了别人的注意，变为焦点。我们最大的毛病便是：常常以为自己是被注意的中心，然而实在并非如此。当我们戴一顶新帽子或穿一件新衣，总以为众人都在注目了。其实这完全是自己的臆想。别人或许也正和我们一样以为自己正受到他人的注目呢！如果真正在注意我们，那大概是因为我们的自我感觉使我们表现出一种可笑的态度，而不是由于衣服。

同样的原因也可以应用在许多别的情形上。如果某人十分专心于他的工作。你绝不能使他感觉不安，因为他甚至不觉得有人在身旁。假如有人看你工作，你便觉得不安，解求的方法是专心去做得更好些，而不要勉强克制自己的不安。如果你晓得自己做得很好，大家看你时便不会感觉不安。这种不安是因为你怕工作做得不好，怕弄出错处，怕别人看出你秘密的思想，于是引起你脸红手颤，声音战栗，这些行为都是你怕显露出来的，但是正因你害怕而越发显露出来。

有一次，一群中学生想戏弄一个女孩子，他们晓得她的自我感觉最敏锐。她这次是在一个礼拜堂里弹琴，于是他们故意坐在使她可以看见他们的一边，而且注视着她。他们并不扮怪相，也不笑，也不说话，只专心地注视她而已。这个女孩子因为自我的感觉极其敏锐，一会儿工夫就感受到他们坚定地注视着自己，便开始蠕动、脸红、心神不安，最后只好中途停止弹琴，退出了会场。这些学生深知她注意自己比注意音乐还厉害，这便是他们晓得用注视的方法可以扰乱她的缘故。假如她能有那对进城看热闹的老夫妇一半的专心，她甚至不会觉得那些少年在看着她。

专心想到自己是不能增加做事的效率或减少自我感觉的，专心想到工作却能做到。

不过在许多情形之下，最重要的不是你的工作或你所要做的事，而是别人。如果在专心工作之余，对别人真诚地感兴趣，你会无往不胜。

研究人类，你会发觉他们是世界最有趣的。这个原则是福煦将军之所以能成为陆军界领袖的主原因。

像福煦将军这样成功的人，必须要能懂得各种人的心理，以及各种心理如何作用。许多其他年轻军官，以为只要懂得他们手下各人乡土的特性就足够了，然而福煦却不以为然。他对于整个战争的认识差不多都是基于"人"以及人在某种压迫下的动作——不是预料他们如何动作，而是他们实际上如何动作，以及可以引导他们如何动作。

假如你能像福煦将军这样研究人，那么人类就不再是可怕到会使你面红、声颤、手抖的了。如果他们做了你所不懂得的事，你努力去寻其解释，不会自感过敏。

自我的感觉强烈完全是因为想自己。克制的方法便是不想自己。

不想自己的方法是要能寻一点别的事来想。你必须寻找一种代替物。寻得了代替物之后，想自己的习惯便可毫不费力地除去。

假使你演说时只想着你所说的，以及听众，而不是想你自己，你便不会自感过敏。如果你做一件工作，只想到你的工作，也不会对自己发生兴趣。

刚开始时，你或许不能了解与你同在一起的人。专门想自己是不能帮助你去了解他们的。去想别人却可以办到。

自我的感觉是臆想的一种形式。别人并不会如你所想象的那样关心你。他们有各人的事情要忙。记得这一点，你在他们面前便不会感觉不舒服了。

养成喜欢和人亲近的习惯，那样，你和他们在一起时便不会感觉不舒服。别人看见你喜欢他们，同时也会感觉愉快。这种方法还能增加你安闲的态度。

安闲的态度不是可以由矫饰或假装冷淡得到的。态度要自然，不可把自己看得太重。

# 5. 失败是成功之母

世人何尝知道：在那些通过科学研究工作者头脑里的思想和理论当中，有多少经过他自己严格地批判、非难的考察，而默默地隐蔽地扼杀了。就是最有成就的科学家，他们得以实现的建议、希望、愿望以及初步的结论，也达不到十分之一。

## 一、失败与挫折

在普通情形下，"失败"一词是消极性的。但拿破仑·希尔将这两个字赋予一个新的意义。因为这两个字经常被人误用，而给数以百万计的人带来许多不必要的悲哀与困扰。

拿破仑·希尔解释道："这里，先让我们说明'失败'与'暂时挫折'之间的差别。且让我们看看，那种经常被视为是失败的事是否在实际上只不过是暂时性的挫折而已。还有，这种'暂时性的挫折'实际上就是一种幸福，因为它会使我们振作起来，调整我们的努力方向，使我们向着不同的但更美好的方向前进。"

不管是暂时的挫折还是逆境，都不会在一个人意识中成为失败，只要这个人把挫折当作是一种教训，事实上，在每一种逆境及每一个挫折中都存在着一个持久性的大教训。而且，通常说来，这种教训是无法以挫折以外的其他方式而获得的。挫折通常以一种"哑语"向我们说话，而这种语言却是我们所不了解的。如果这种说法不对的话，我们也就不会把同样的错误犯了一遍又一遍，而且又不知从这些错误中吸取教训。"

也许，拿破仑·希尔协助您解释挫折意义的最佳方法，就是带你回顾他本人将近30年的亲身经历。在这段时间里，曾经七次遭遇转折点——也就是一般人通称的"失败"。在这7次转折中的每一次，他都以为自己遭遇了令人沮丧的失败。但后来，拿破仑·希尔明白，看起来像是失败的，其实却是一只看不见的慈祥之手，阻挡了拿破仑·希尔的错误路线，并以伟大的智慧强迫他改变方向，向着对他有利的方向前进。

## 二、第一个转折点

拿破仑·希尔自一所商业学校毕业之后，找到了一个速记员兼簿记员的工作，并且一连干了5年之久。由于一直奉行那种"任劳任怨，不计酬劳"的原则，因此，拿破仑·希尔晋升得很快，所获得的薪水及所负的责任，都超过了他当时年龄的标准。拿破仑·希尔的银行存款达到几千元，很多人竞相聘请他。

为了对抗这些竞争者的争相聘请，拿破仑·希尔的老板把他提升为该矿业公司的总经理。他很快就达到了"世界的高峰"。但这却是他命运中的悲哀部分，拿破仑·希尔知道。

接着，命运之神伸出和善的双手，轻轻推了他一下。拿破仑·希尔的老板宣告破产，拿破仑·希尔则失去了工作。这是拿破仑·希尔第一次遭遇的真正挫折。

拿破仑·希尔的第二项工作是在南部的一家大木材厂担任销售经理。拿破仑·希尔对木材一无所知，对于销售管理亦所知不多。但拿破仑·希尔已经懂得"任劳任怨，不计报酬"的道理，而且他也知道，应该主动去发现工作来做，不做等待别人来指挥自己做什么。银行中的丰富存款，加上他在以前工作中不断晋升的优良纪录，令拿破仑·希尔产生了所需要的一切自信心。

拿破仑·希尔在新公司晋升很快，在第一年内，他的薪水已经增加了两次，他在管理销售方面的表现太好了，因此，老板邀请拿破仑

·希尔和他合伙。他们立刻就开始赚钱，拿破仑·希尔又再度觉得自己是处在"世界最高峰"了。

站在"世界最高峰"能够使人得到一种十分美好的感觉。但是，那却是一个很危险的站立地点，除非你站得很稳。因为如果你站得不稳，你将会摔得十分惨痛。

在那时候，拿破仑·希尔却一直未曾想到，成功是应该以金钱和权势以外的事物来衡量的。也许这是因为事实上他当时拥有了太多的金钱，也拥有了超过了当时安全使用能力的太多的权力。

命运之神却在前面等着，它拿了一根结实的棍子，正准备重重地打拿破仑·希尔一顿。

就如同晴天霹雳一般，1907 年的大恐慌降临在他身上，在一夜之间，它替拿破仑·希尔提供了一项令他毕生难忘的服务：它毁掉了拿破仑·希尔的事业，夺走了拿破仑·希尔所拥有的每一块钱。

1907 年的大恐慌，以及它所带来的挫折，使拿破仑·希尔从木材业转行去研究法律。在这个世界上，除上挫折之外，没有任何事物能够造成这种结果，因此，拿破仑·希尔生命中的第三个转折点就如此地乘着大多数人所谓"失败"的翅膀，飞进他的生命中。

拿破仑·希尔上了法律学校的夜间部，白天则去当一名汽车推销员。他在木材业的销售经验在这时候帮了大忙。他很快就发达起来，销售成绩很好，使他获得了进入汽车制造业的良好机会。他注意到，汽车厂十分需要受过专业训练的汽车技术工人，因此，拿破仑·希尔在汽车厂内开办了一个训练部门，开始把一般的工人训练成为汽车装配及修理技工。这所训练班成效极为良好，每个月给拿破仑·希尔带来 1000 多元的纯收益。

于是，拿破仑·希尔再度觉得自己又"功成名就"了，当时他依旧认为，所谓的成功就是金钱和权势而已。

他存款的那家银行的经理知道他的情况良好，因此就借钱给他扩展业务。

这位银行经理不断借钱给他，使他债台高筑，到最后再也还不起。然后很镇静地把拿破仑·希尔的事业接收过去，仿佛它本来就是属于他的，而事实上也的确如此。

拿破仑·希尔从一个每个月有 1000 多元收入的人，突然间又变成了一文不名的穷人。

一切美好的景象突然消失了，金钱与权势也随之烟消云散。一直到许多年之后，拿破仑·希尔才发现，这种暂时性的挫折可能就是他一生中所遭遇的最大幸运了，因为它强迫拿破仑·希尔退出这样一个即不会增加自己的知识，也不会协助增加他人知识的行业，而把他的努力方向转变到另一种行业，使他获得他所需要的丰富经验。

在一生当中，拿破仑·希尔第一次问自己，一个人在功成名就之后，是否能够找到金钱与权势之外的其他有价值的事物。但这种疑问只是偶尔出现在他的脑海中，而且他也未一路追踪下去获取答案。

在经过截到当时为止的最难苦的一次苦斗之后，拿破仑·希尔终于接受了这次暂时挫折，而且错误地认为它是"失败"。然后就进入他一生当中下一个——也就是第四个转折点。

### 三、第四个转折点

由于妻子娘家的帮忙，拿破仑·希尔立刻又得到了一项工作，担任一家世界上最大的煤矿公司的首席法律顾问的助手。拿破仑·希尔的薪水比一般新手多得太多了，和他对该公司的价值真是不成比例。但由于有人推荐，拿破仑·希尔还是安坐在公司中。同时，拿破仑·希尔展开努力，对于自己缺乏法律技术这个缺点，拿破仑·希尔也尽力弥补。

对于这项工作。拿破仑·希尔足可愉快胜任。而且实际上已经拥有了一个可以享用终身的铁饭碗了。

但拿破仑·希尔并未和朋友做过任何商量，也未事先提出警告，就辞职了。

这是由拿破仑·希尔自己选择的第一个转折点。它并不是强加在拿破仑·希尔身上的。他看到命运之神那个老家伙向他走过来，他立刻赶上去，在门口将它打倒了。

他之所以辞掉那项工作，是因为那项工作太容易了。他轻松愉快就足以胜任。拿破仑·希尔发现自己即将养成懒惰的习惯，拿破仑·希尔知道，紧接着，自己就要退步了。拿破仑·希尔在公司里面的朋友太多了，因此，他没有必要努力工作，以求表现。四周都是他的朋友和亲戚，而且自己还拥有一项终身保障工作。他心想："我还需要什么呢?"

"什么也不需要!"拿破仑·希尔开始这样告诉自己。

就是这种态度，使拿破仑·希尔觉得自己已经在逐渐退步了。为了某种他至今仍然不知道的原因，拿破仑·希尔采取了在许多人看来疯狂的举动——辞职。尽管他在当时可能对其它事务极其无知，但拿破仑·希尔却很感激他竟然有足够的判断力去体会只有经由不断努力和奋斗才能产生的力量与成长，这种力量与成长如果停止了，就会造成虚脱与腐败。

他选择芝加哥作为开创新事业的地点。这样做是因为，他相信，在芝加哥这个地方可以看出一个人是否具备在这个竞争激烈的世界中生存所必要的条件。拿破仑·希尔下定决心，如果自己在芝加哥从事的任何行业中，能够获得一些成就，那就证明自己具有可以发展成为

179

真正能力的潜能，这就是一个很奇怪的逻辑过程。

在芝加哥，他的第一个职位是一所规模函授学校的广告经理。他对广告所知不多，但他以前有过担任推销员的经验，再加上他任劳任怨，不计报酬，因此拿破仑·希尔得以作杰出的表现。第一年，他赚了*5200*百美元。

拿破仑·希尔很快就"东山再起"了。慢慢地，成功的美景又开始在拿破仑·希尔四周盘旋。他再度看到成堆的钞票就在伸手可及的地方，盛宴之后就是饥荒，历史上有很多这种证据。拿破仑·希尔很高兴享受了一顿丰盛的大餐，却未预料饥饿将接着来到。工作得相当不错，因此得意洋洋，对自己极为欣赏。自我陶醉是一种很危险的心境。

有一种伟大的真理是许多人所不知道的，必须等到时间老人把柔软的双手按在他们肩上之后，他们才会恍然大悟。

有些人却永远不会获知这种真理，而真正知晓这种真理的人，最后终会了解挫折的"哑语"。

### 四、第五个转折点

在这家函授学校担任广告经理时，拿破仑·希尔的表现极为良好，因此，这家学校的校长说服拿破仑·希尔辞去了这项工作。和他合伙从事糖果制造业。他们成立了"贝丝·洛丝糖果公司"。拿破仑·希尔出任该公司的第一任总裁。

他们事业扩展极为迅速，不久，就在十八个城市中成立了连锁店。糖果事业的利润极高，于是拿破仑·希尔又认为自己已经接近成功了。

一切进行得十分顺利，但拿破仑·希尔的合伙人和他们邀请入伙的另外一位合伙人，却暗中策划，阴谋吃掉拿破仑·希尔在公司中的的股份。

从某一方面来说，他们的计划成功了，但拿破仑·希尔的反抗远比他们所想象的更不好对付。所以，他们利用伪造的罪名。使拿破仑·希尔被捕，然后提议撤销这些控告，条件是拿破仑·希尔必须把股份让给他们。

到这时候拿破仑·希尔才初次明白，原来，人心竟然是如此残酷、虚伪、不讲道义。

第一次调查庭即将召开之前，拿破仑·希尔的证人竟然消失不见。但拿破仑·希尔还是想法子找到他们，强迫他们站到证人席上，发表他们的证词，结果拿破仑·希尔获得胜诉，并向法院提出反诉，要求诬告者赔偿损失。

这件官司使得拿破仑·希尔和他的合伙人之间的关系完全破裂，最后并使拿破仑·希尔赔光了自己在这家公司所有的股份。

拿破仑·希尔的损失赔偿是所谓的"民事侵犯"行为，他可以因受诬陷要求赔偿。在伊利诺州，也就是这项行为发生地法律规定，如果赔偿判决成立，要求赔偿者可要求将被告关在牢里，直到他们付清赔款后，再予释放。

不久，拿破仑·希尔就获得胜诉，法院命令他的合伙人须付出赔偿。拿破仑·希尔可以要求把他们两人关入牢中。这是拿破仑·希尔生命中第一次有机会对敌人进行重重反击。因为已经拥有了一项厉害的武器—而且，这项武器是由敌人们亲自交给他的。

当时的感觉是十分奇怪的。

最后拿破仑·希尔终于决定宽恕他们。

但在拿破仑·希尔尚未作出决定时，命运之神已开始严厉惩罚这些企图毁灭他的坏人，其中一位被判了很长的徒刑，因为他对另外一个人犯一种罪行，而另外一位合伙人则沦为穷光蛋。

我们可以利用各种方法来逃避人类写在法律书上的法律条文，但我们永远也逃脱不了自然法则的制裁。

在当时，被警方逮捕是相当不荣耀的，即使是被人诬告而坐牢。拿破仑·希尔并不喜欢这种经验。但拿破仑·希尔不得不承认，它为他带来一切悲伤是值得的。它提醒拿破仑·希尔，自己可以原谅那些企图毁灭他的敌人，因此，敌人不但未能毁灭拿破仑·希尔，反而增强了他的力量。

拿破仑·希尔发现：只要对一些伟人的传记生平加以研究，我们就不会恐惧或逃避生活的考验，因为他们每一个都是经历了生活的封锁考验，最后才能"功成名就"。这不禁使他猜想，命运之神是否故意先以各种严厉的方法来考验我们，然后才把重大的责任加在我们肩上。

在谈到生命中的下一个转折点之前，拿破仑·希尔提醒我们注意这个意义重大的事实，即每一个转折点皆使他更为接近成功的终点，并为他带来某些极为有用的知识；并且，这些知识成为他生活哲学中永远存在的一个部分。

### 五、第六个转折点

这个转折点，可能比任何其他各次的转折点，都使拿破仑·希尔更为接近成功的终点。因为，它使拿破仑·希尔发现，必须把自己所学会的遍及各行各业的知识加以利用。在他的糖果事业的成功美梦破产之后不久，这个转折点立即就出现了，拿破仑·希尔转移到中西部一家专科学校教授广告与推销技巧。

教学事业一开始就很成功。他在这所学校里开了一门课，同时主持了一所函授学校，几乎在世界上每个英语国家中，都有他的学生存在。尽管其间经历了世界大战的破坏，这些教学事业仍然蓬勃发展，拿破仑·希尔再度认为自己又接近了成功的终点。

接着，来了第二次征兵，把学校中的大部分学生都征召入伍了，几乎使学校因此而关门。在那一瞬间，他损失了7500多美元的学费，同时，自己也投入了为国家服务的行列。拿破仑·希尔再度成了一文不名的穷光蛋。

从来不曾尝过一文不名的刺激滋味的人，是相当不幸的。因为，诚如波克所说的，贫穷是一个人所能获得的最丰富的经验。不过，他也建议说，一个人在获得这个经验后，要尽快地将它摆脱掉。

拿破仑·希尔当时已达到事业中最重要的一刻，人到这一地步，不是永远失败下去，就是鼓起新的精神，东山再起，获得更大的成就。这完全决定于他们如何解释过去的经验，以及把这些经验当作工作计划的基础，如果拿破仑·希尔的生活经验故事在此停止，将对你毫无价值，但拿破仑·希尔另外又写了更重要的一章，详细说明生命中的第七个转折点，也是最重要的一个转折点。

经过拿破仑·希尔前面对这六项转折点的叙述，你一定可以很清楚地看出，到这时候为止，拿破仑·希尔在这世界上并未真正地占有一席之地。你也一定可以很明显地看出。拿破仑·希尔的这些暂时性的挫折，绝大多数都是由于这个事实所引起的。尚未找到一项可以投入全心全力的工作。要找一个最适合自己，以及自己最喜欢的工作，就像是要找一个自己最喜欢的人；这种寻找是没有规则可循的，但是，一旦接触上了，我们立刻就会发现。

## 六、第七个转折点

那一天是第一次世界大战的停战日——1918年12月11日，这场战争使拿破仑·希尔一文不名，但他还是感到很高兴，因为人类的大屠杀已经结束，人类文明再度恢复了理智。

　　站在办公室的窗前，望着外面欢欣鼓舞的群众正在热烈欢呼，庆祝大战结束。拿破仑·希尔的思想却回到昨天，他的整个过去，包括辛酸与甜蜜，高兴与沮丧，一一浮现在眼前。另一个转折点的时间来到了。

　　拿破仑·希尔在打字机前坐了下来，出乎意料之外，他的双手竟然开始在打字机的键盘上敲出有规律的音调来。他以前的写作从来不曾像当时那样迅速及轻松愉快。他既未计划，也未想到要写些什么，他只是把出现在脑海中的一切全部写下来。

　　不知不觉中，他已经为自己一生当中最重要的转折点打下基础。因为，拿破仑·希尔当时所写的那篇文章，后来使他资助了一家全国性的杂志。这篇文章对他自己的事业，以及另外数以万计的人产生了相当大的影响。在这篇文章中拿破仑·希尔写道："战争已经结束了。"

　　"我们每一个人都应该领会这场战争给我们带来的教诲。这个教诲就是，只有公正与善待所有的世人——不管是强者还是弱者，是富人还是穷人，皆要一视同仁才能得到生存。其余的，必须遭到淘汰与消灭。"

　　"从这场战争中，将产生一种新的理想主义——一种以'黄金定律'哲学为基础的理想主义。这种理想主义将指引我们，不是要我们如何去剥削我们的人类同胞，而是要我们如何去服务于他，在他遭遇生活上的挫折时，解除他的困难，使他更幸福快乐。"

　　在这篇文章中拿破仑·希尔还回忆了自己是如何从煤矿坑的一个普通矿工，跳升到最大一家矿业公司的首席顾问助理。而这一切都得要归功于他一直奉行的"任劳任怨，不计酬劳"的工作原则。

　　拿破仑·希尔在前面已经提过，他是在 *11* 月 *11* 日早晨写作此文的，当时，群众正在庆祝正义战胜邪恶的大胜利。

因此，他自然应该在心中寻找出一些想法，以便把这些想法转告给今天的世界知道——这些想法将协助美国人在心中永远保存理想主义的精神。

拿破仑·希尔发现，最合适的想法就是刚刚叙述过的这种哲学，因为，他相信，就是因为傲慢自大和忽视这种哲学，才使得德国人——德国皇帝及老百姓走入悲哀之境。要想使得这个哲学进入那些需要者的心中，他将出版一本名叫《希尔的黄金定律》的杂志。

出版全国性的杂志需要钱，但拿破仑·希尔在写该文章时并没有钱。但是，他相信，不需要经过一个月的时间，透过他企图在这儿所强调的这项哲学，他将可以找到某个人，他将会供应拿破仑·希尔所急需的这笔资金，使拿破仑·希尔能够向世界传达这种简单的哲学，因为这种哲学已使自己脱离了肮脏的煤矿坑，使自己处于能对人类提供更大服务的地位。

就是在这种多少有点戏剧性的态度下，深藏在拿破仑·希尔内心深处长达 20 年的一个欲望，最后终于获得实现。在这将近 20 年的岁月里，拿破仑·希尔一直希望成为一名报纸编辑。在 30 多年前，当他还是一个很小的小男孩时，就帮助他父亲操作印刷机，出版父亲所主持的一家小型周报，当时拿破仑·希尔就深深爱上了印刷油墨的气味。

在所有那些年的准备期中，也许，这个欲望在不知不觉中不断地扩大成长，而他经历的各种生活经验，后来终于促使拿破仑·希尔把这项欲望付诸行动。就这样，拿破仑·希尔终于找到了在这个世界上最适合自己的工作，并对此十分高兴。

## 七、理想高于金钱

很奇怪的，他在进入这一行业时，从来没有想到去探求它的尽头是否存在着重大的权力，以及无数的金钱。这似乎是拿破仑·希尔一生当中第一次明白了，而且没有任何疑问，生命中还有一些比黄金更值得追求的东西。因此，在从事舆论工作时，他头脑中只有一种想法。这个想法就是：对这个世界提供力所能及的最佳服务，不管他的努力是否将只为自己带来一毛钱的报酬，或甚至连一毛钱也没有。

这本《希尔的黄金定律》杂志所传达的乐观与善意的讯息立即闻名全国。因此，在 1920 年初，拿破仑·希尔应邀到各地从事一项全国性的旅行演说。因而使他有幸在旅行期间，与当代最为进步的一些思想家见面，和他们进行讨论。而和这些人士的接触，给了拿破仑·希尔莫大的勇气。使他能够继续进行这项已经起步的美好工作。

在演说旅行途中，有一次拿破仑·希尔坐在德州达拉斯市的一家餐馆，窗外正下着他有生以来从未见过的一场倾盆大雨。雨水以两股大水流打在厚玻璃窗上，在这两股大水流之间则有其他小水流前后流动，形成了看来很像是大水梯的奇景。

拿破仑·希尔望着这种罕见的景象，突然有个念头闪现在脑海中：7 个转折点所学到的那些教训，以及从研究成功人士生平所学到的那些东西，全部组织起来，然后，加上"神奇的成功之梯"的题目，必然能成为一篇极受欢迎的演说。

于是他在一个信封的背面，列出了这篇演说稿的 15 个要点。后来，就根据这 15 点组成了一篇演讲稿。

拿破仑·希尔所获得的有价值的知识，都可由这 15 点加以代表，而这种知识的资料来源，就是许多人称之为"失败"的生活经验所强加在身上的。

本书就是拿破仑·希尔从这些"失败"中所获得的知识的总和。如果本书能如拿破仑·希尔所盼望的那样对你有价值的话，你应该把一切功劳归之于本章所描述的"失败"。

### 八、从失败学到的经验更珍贵

也许，你希望知道，拿破仑·希尔从这些转折点中获得了什么物质及金钱上的利益，因为你可能明白，在我们所生活的这个时代里，我们时时得为生存而进行艰苦的奋斗。好了，拿破仑·希尔将坦白告诉你。

首先，出售该杂志的收入是拿破仑·希尔所需要的，但是，尽管如此，他仍然坚持发行人以需要该杂志的人都能付得起的价格来出售。

除了出售该杂志的收入以外，他又在撰写一系列配合图画刊出的社论，将同时在全国各大报刊登出。这些社论都以该书所叙述的十五项要点为基础。

刊出这些社论所得的稿费收入，已足以满足他的生活需要而且有余。

拿破仑·希尔之所以要提及这些事实，只不过是因为他知道，一般人都是以金钱来衡量成功的程度，而且对于不能获得良好收入的哲学都加以拒绝，并认为它不正确。

在以往的生活中，拿破仑·希尔几乎一直都很贫穷。这种情形，大部分是他自己所选择的，因为他一直把一生当中最好的时光投掷在一些艰苦的工作中，一方面抛弃自己的部分无知，一方面吸收自己所急需的生活经验。

从拿破仑·希尔在七个转折点中所描述的生活经验中，他已经吸取了一些极为宝贵的知识，这些知识除了经由失败之外，别无其他的方法可以获得。

拿破仑·希尔自己的经验已经令他相信，只要我们一旦了解之后，失败的"哑语"是世界上最容易了解及最有效果的语言。拿破仑·希尔几乎忍不住要说，它就是宇宙通用的语言，当我们不去聆听其他语言时，大自然就以它向我们呼叫。

拿破仑·希尔很高兴曾经经历过这么多次的失败。

它使他获得勇气，使拿破仑·希尔能够去做在保护之下所永远不敢去做的事情。

只有在把挫折当作失败来加以接受时，挫折才会成为一股破坏性的力量。如果把它当作是教导我们的老师，那么，它将成为一项祝福。拿破仑·希尔本人深信，"失败"是大自然的计划，它经由这些"失败"来考验人类，使他们能够获得充分的准备，以便进行他们的工作。"失败"是大自然对人类的严格考验，它借此烧掉人们心中的残渣，使人类这块"金属"因此而变得纯净，使它可以经得起严格考验。

且让我们记住：命运之轮在不断地旋转。如果它今天带给我们的是悲哀，明天它将为我们带来喜悦。

# 6. 走向成功的关键一步

"播种一个行动，你将收获一种习惯；播种一种习惯，你将收获一种性格；播种一种性格，你将收获一种命运。"伟大的心理学家和哲学家威廉·詹姆士曾这样说过。

很多人也许会迷惑，为什么行动不一定会得到成果，但毫无疑问地，用积极心态行动却是取得成就的前提。成功的动力来自欲望、热情与信念。因此，请切记这条成功法则：行动是最重要的，它能强化我们的积极心态，而这正是成功的要素之一。

尽管你不一定会成功，但采取行动是最重要的。

英国前著名的首相本杰明·迪士累利曾指出，虽然行动不一定能带来令人满意的结果，但不采取行动是绝无满意的结果可言。

美国罗斯福总统曾承认："我其实没有什么辉煌灿烂的功绩。只有一点令我自豪的是，凡是我觉得应该做的，我就去做。而当我决心做后，我便着手去做了。"

订立目标，规划人生，只不过是理论，纸上空谈，而没有行动便没有结果。理论都是好东西，但是如果不能依附于行动上，那只是一种空谈。人只要活着，便必须考虑行动。

人生最基本的现实规则之一就是，没有智慧基础的行动是无用的。但更令人沮丧的是即使空有知识和智慧，如果没有行动，一切仍属空谈。行动与充分准备其实可视为一体的两面。人生必须适可而止。作太多的准备却迟迟不敢行动，最后只是徒然浪费时光而已。也就是说，事事必须有节制，我们不能落入不断演练、计划的圈套，而必须认识现实，不论计划多么周详，也不能发生意外。

美国成功学家林格的一个朋友，想投身服务业，因此作了一个伟大计划。他每天面对电脑，至少计划了 2 年，完全不顾这 2 年中他要进入的服务业早已有了多少改变。有一天，林格拜访了他。他刚修改完预测数字，因此很兴奋地说："你知道吗？电脑太神奇了。我只要改变现金流量表上的一个数字，其他所有数字电脑都会自动修改。太不可思议了。"

听他说完，林格只冷冷地接了一句"是很不可思议。不过你的代价也不低，还没开张就要宣告破产了。"

这位友人犯的毛病就是让旁枝末节阻碍了他的思考，浪费了大量宝贵时间，他被他电脑的容量和自己操纵电脑的能力所眩惑，而忘记了真正的目的。他的出发点不真正是做现金流量控制专家，而是进入服务业。计划非常重要，是获得有利结果的第一步，但是计划非行动，也无法代替行动。

有一句俗话说："好主意一毛钱可以买一打。"我们也知道不但一个想法便能改变世界，而且有很多人真的用自己的想法改变了世界。为什么有的主意被人讥嘲，有的却受到重视？其中的区别便在于后者除了想法外，也附加了行动。最初的想法只是一连串行动的起步，接下来便有第二阶段的准备、计划和行动予以配合。

林格演讲时，时常对观众开玩笑地说，美国最大的快递公司——联邦快递，其实是他发明的。他不说假话，他的确有过这个主意。但是我们相信世界上至少还有一万个和他一样的创业家，也想到过相同的主意。20 世纪 60 年代，林格刚刚起步，在全美国为公司做撮合工作，每天都生活在赶截止日期、并在限时内将文件从美国的一端送到另外一端的时间缝隙中。当时林格曾经想到，如果有人能够开办一个能够将重要文件，在 24 小时之内送到任何目的地的服务，该有多好。这想法在他脑海中驻留了好几年……一直到有一个名叫弗烈德·史密斯的家伙真的把这主意转换为实际行动。

这个故事的教训应该是：成功地将一个好主意付诸实践，比在家空想出一千个好主意要有价值得多。

行动是件了不起的事。只要一个人行得对，他就会越来越喜欢行动。

想要做一个进取的人吗？先从行动开始。

美国著名成功人士詹姆·威廉斯也说，一个人的行为影响他的态度："与其兴之所至才击节高歌，不如先引吭高歌带动心情。"

行动不仅带来回馈和成就感，也给人带来喜悦。忙着做一件事，是建设性的行为，在潜心工作时所得到的自我满足和快乐无其他方法可取代。这么说来，如果你寻求快乐，如果你想发挥潜能，就必须保证积极行动，全力以赴。

每天都有数以千计的人把新构想取消或埋葬掉，因为他们不敢执行。过了段时间以后，这些构想又会回来折磨他们。

因此，请记住下面两种想法：

1. 切实执行你的创意，以便发挥它的价值，不管创意有多好，除非真正身体力行，否则永远没有收获。

2. 实行时心理要平静。初步估计会遇到的困难，做好心理准备。

你现已经想到一个好创意了吗？如果有，现在就行动。因为行动能帮助你完成人生伟业。

你可以界定你的人生目标，认真制订各个时期的目标。

但如果你不行动，还是会一事无成。在美国有这样的一个人：此人一直想到中国旅游，于是定了一个旅行计划。他花了几个月阅读能找到各种材料——中国的艺术、历史、哲学、文化。他研究中国各省地图，订了飞机票，并制定了详细的日程表。他标出要去观光的每一个地点，连每个小时去哪里都定好了。这个人有个朋友知道他翘首以待这次旅游。在他预定回国的日子之后几天，这个朋友到他家做客，问他："中国怎么样？"

这人回答："我想，中国是不错的，可我没去。"

这位朋友大惑不解："什么？你花了那么多时间作准备，为什么到现在还没走，出什么事啦？"

"我是喜欢制定旅行计划的，但我不愿去飞机场，受不了。所以呆在家里没去。"

苦思冥想，谋划如何有所成就，是不能代替身体力行去实现的。没有行动的人只是在做白日梦。行动是化目标为现实的关键步骤。

美国演讲家查尔斯 41 岁时发现自己重新开始生活。他当时住在纽约，为长老会效力，负责该教会的传播计划。在那之前的 4 年里，他在美国和加拿大的海湾一带活动，一到晚上就对成千上万的人们演说。其中的 3 年里他也主持过哥伦比亚广播公司电视网络里的每周节目《向上看与生活》。

但查尔斯却失去了信仰。

查尔斯 19 岁就进了教会，可是到了现在才意识到自己怀疑基督教的基本教义。有许多东西事与愿违，因为太想相信，他的思想提出了挑战，最后驳斥了自己相信的一切。于是，他决定必须离开教会。

当时，生活好像到了尽头。他母亲由于癌症已奄奄一息，长时间疾病的折磨使得她只剩下皮包骨头。实际上他同所有的朋友断绝了来往，并放弃了那些受自己影响而去传教和加入教会的人们，一时间，他觉得自己像个叛逆者。

但查尔斯没有什么真正的选择，他后来回忆道："我不能呆在教会里，隐瞒自己的怀疑，每天生活在谎言里。我租了一辆车，把仅存的几样家什包好扔在车上，踏上了去多伦多的旅程。

"那时确实令人苦恼，我怎样才得以糊口？我合适干些什么？谁愿雇用一个 41 岁的牧师？

我决定试一试写作，我一个人住在乔治湾一幢拥有两个房间的小屋里，写下了三个电视剧本，我把它们都卖给了加拿大广播公司。

有位负责人曾在哥伦比亚广播公司的电视节目上见过我，他雇用了我，让我当上他开的加拿大广播公司社会事务电视系列新节目的合伙主持人，从此，我走上了一条新的道路。"

所以说，如果你确信自己应该改行或调换工作，当这一想法成熟时，不要再去考虑，要行动起来，不要让这一想法去逼你，要拥有它，让它成为冒险。请铭记这句话:"别理那些老是给予否定回答的人。"富兰克林·罗斯福说得对:"值得恐惧的唯一事情就是恐惧本身。"

内斯美是美国华盛顿的一位高尔夫球选手,他通常打出90多杆。然后有7年的时间他完全停止了玩高尔夫球。令人惊异的是,当他再回到比赛场时,又打出了漂亮的74杆。

在这7年时间里,他没有摸过高尔夫球,而他的身体状况也在恶化之中。实际上,他这7年是住在一间大约4、5英尺高的战俘收容所里,因为他是一个越南战俘。

内斯美的故事说明:如果我们期望实现目标,就必须首先在心里看到目标完成。在这7年的日子里,内斯美一直与世隔绝,见不到任何人,没有人跟他谈话,更无法做正常的体能活动。前几个月他几乎什么事情也没做,后来,他觉得如果要保持头脑清醒并活下去,就得采取一些特别、积极的步骤才行。最后,他选择了他心爱的高尔夫课程,开始在他的牢房中"玩"起高尔夫球来了。在他自己心里,他每天都要玩整整18个洞。他以极精细的手法玩高尔夫球。他"看见"自己穿上高尔夫球衣走上第一个高尔夫球座,心里想像着他所玩的场地的每一种天气状况。他"见到"球座盒子的精确大小、青草、树木,甚至还有鸟。他很清楚地"见到"他紧握高尔夫球的精确方式,他很小心地使自己的左手臂维持平直,他叮嘱自己眼睛要好好看着球,他命令自己小心,在打倒杆时要慢而且轻轻地打,同时记住眼睛盯在球上。他教导自己在击打时要圆滑地向下挥杆,并且顺利地击出,然后他想像着高尔夫球在空中飞过,掉在发球区与果岭之间修整过的草地中央,滚动着,直到它停在他所选定的精确位置。

这样每周7天整整持续了7年,他都在心里玩那完美的高尔夫球。从来没有一次漏打了球,也从来没有一次球不进洞,这真是完美的打法，这位球员每天用整整 4 小时的时间来打心里的高尔夫球，结果头脑一直很清醒。

他的故事说明了这一点：如果你想要实现目标，在达到之前，心中就要"看见目标完成"。

如果你想获得加薪、在公司获得较大的机会、较好的职位、你梦想的房屋等，那么鼓励你仔细地重读这个故事。每天花几分钟遵守精确的步骤，这样你向往的那一天终会到来。那时候，你将不仅"看见到目标完成"，而且会"达到想要的目标"。

曾有许多人计划要攀登梅特隆山的北麓，一位记者对他们中的许多人都作了采访，只有一个人说出了"我要"。那个人是一个年轻的美国人，这位记者问他："你是不是要攀登梅特隆山的北麓呢？"这位美国人朝他看了一下，然后说："我要攀登梅特隆山的北麓。"最后只有一个人登上了北麓。他就是那位说出"我要"的人。因为只有他"看见目标完成"。

不管是寻找一个较好的工作、较多的财产、永久与快乐的婚姻，还是其他什么事，我们都必须在达到想要的目标之前，先看见目标完成。

当你的眼睛看着目标时，达到目标的机会就会变得无限的大。真的，不管你见到胜利或失败，这项原则都能适用。

在帆船时代，有一位船员第一次出海。他的船在北大西洋遭到了大风暴。这位船员受命去修整帆布。当开始爬的时候，犯了一项错误，那就是向下看。波浪的翻腾使船摇荡得十分可怕。眼看这位年轻人就要失去平衡。就在那一瞬间，下面一位年纪较大的船员对他叫道："向上看，孩子，向上看。"这个年轻的船员果然因为向上看而恢复了平衡。

事情似乎不顺的时候，要先检查一下你的方向是否错误。形势看起来不利的时候，要尝试"向上看"，应用上面说过的原理，再加上我们下面要讨论的原理，你就会达到目标。

把目标适当地写在一张或多张卡片上。你要把它写得清清楚楚，以便于你阅读每一行中的每一个字。将这些卡片保护好，并随时把这些目标带在身边。每天都要复习这些目标。但别忘了，行动才是我们的目标。火车在以每小时 100 里的时速前进时，能洞穿 5 英尺厚的钢筋混凝土墙壁。这就是你的写照。请现在就开始去取得行动的勇气，冲破介于你跟目标之间的种种阻碍与难关吧。

建功立业的秘诀实际就是"行动"。自我发动法实际上就是一句自我激励警句："立即行动!"无论怎样，当"立即行动"这个警句从你的下意识心理闪现到意识心理时，你就应该立即行动。建功立业的秘诀能把一个人的消极态度转变为积极的态度。通过它，一个人可以把令人烦恼的一天变成令人愉快的一天。

平时就要养成这种习惯：用自我激励警句"立即行动"对某些小事情做出有效的反应。这样，一旦发生了紧迫事件，或者当机会突然到来时，你同样能做出强有力的反应，立即行动起来。

假如你有一个电话应该去打，但由于拖延的习惯，你没有打这个电话。当自我激励警句"立即行动"进入你的意识心理时，你就会立即去打这个电话。

假如你把闹钟定在上午 6 点。然而，当闹钟铃响时，你睡意正浓，于是起身关掉闹钟，又回到床上去睡。久而久之，你会养成早晨不按时起床的习惯。但如果你听从"立即行动"这一命令的话，你就会立刻起床，不再睡懒觉。

威尔斯是掌握了建功立业秘诀的多产作家。他力图不让任何一个

195

机会溜掉。当他产生了一个新的灵感时，便立即把它记下来。即使是在深夜，他也会这样做。他的这个习惯十分自然，毫不费力。对于他来说，这就像是你想到一个令人愉快的念头时，你就不知不觉地笑起来一样。

许多人都有拖延的习惯。由于这种习惯，他们可能出门误车，上班迟到，或者更重要的——失去可能更好地改变他们整个生活进程的好机会。历史已经记录了有些战役的失败仅仅是由于某些人拖延了采取有利行动的良机。

现在是行动的时候了！